工学を理解するための
応用数学

— 微分方程式と物理現象 —

博士(理学) 佐藤 求 著

コロナ社

まえがき

数学者の厳密さ（と，天文学者の大胆さ）を表す有名な冗談がある。

　天文学者と物理学者と数学者（とされている）がスコットランドで休暇を過ごしていたときのこと，列車の窓からふと原っぱを眺めると，一頭の黒い羊が目にとまった。天文学者がこう言った。「これはおもしろい。スコットランドの羊は黒いのだ」物理学者がこう応じた。「何を言うか。スコットランドの羊の中には黒いものがいるということじゃないか」数学者は天を仰ぐと，歌うようにこう言った。「スコットランドには少なくとも一つの原っぱが存在し，その原っぱには少なくとも一頭の羊が含まれ，その羊の少なくとも一方の面は黒いということさ」

イアン・スチュアート：現代数学の考え方，講談社 (1981)[†]

　本書は理工系専門学校の教科書または理工系大学初年度の副読本程度のレベルを目安に，物理や電気の勉強をする上で利用されている数学を理解することを目的に執筆されたものである。絶対に間違いのない数学者のやり方ではなく，実際の問題に応用される範囲で正当な物理学者のやり方で問題に挑み，一定レベルの理解を得た上で，興味が沸くなら「羊の反対側の毛色」を気にするようにしよう。

　本書ではたびたび「マトモ」という表現が出てくる。数学書ならば「たかだか有限個の不連続点を除いては連続な関数」とか「n階微分可能な関数」などと書くだろうが，そこで「たかだか有限個？」，「微分不可能な関数というのは，自分が本当に知りたい現実的な問題に頻出するのだろうか？」といった心配をさせるよりも「厳密には例外もあるけれど，物理的現象を考える上では，あまり問題にならない」というメッセージを乗せたつもりである。その他，例外的な条件の無視や，大胆な口語調等，不真面目に見える部分も多々あろうがお目こぼし願い，つねに応用面を意識した展開や，実際に利用している人々の心理に近い表現等，メリットのほうを評価してしていただければ幸いである。

　1章から7章では，微分の定義から始めて微分方程式までをまとめた。特に，「微積分を使ってこそ本当の定義が与えられる物理量」について，「高校物理では意味が不明瞭なまま憶えさせられ，専門分野に進んだ後には既知の事実として振り返られない」といったことを憂慮し，微積分を使った物理量の再定義にもかなりの紙面を費やした。

[†] ただし，日本語訳はサイモン・シン著 青木薫訳：フェルマーの最終定理 ピュタゴラスに始まり，ワイルズが証明するまで，新潮社 (2000) から引用した。

積分や微分方程式に関しては，重要な例について，解答を「見知って」いればよいという程度の扱いとし，解法のテクニックはあまり扱わなかった（正答を代入して確認ができればよいとした）。

7章では，おまけ的な意味で粘性抵抗下での強制振動までを紹介したが，「運動方程式を解くことで，減衰運動と単振動の式が出てくる」ことが示される6章を本書の最大の目的とした。

8章から10章では，応用上重要な話題をいくつか取り上げた。ラプラス変換については少し難易度が高いかという心配もあったが，工学者の多くが，微分方程式を解く際に魔法のようにラプラス変換表を引く習慣があるようなので，その面白みを紹介したく紙面を割いた。

電気工学分野は微積分の話題の宝庫なので例題などで多く取り上げたが，1か所にまとめはしなかった。特に交流電気と複素数の関連はページ数の関連で取り上げられなかったことを残念に思う。

演習問題に関しては，多少の計算練習はともかくとして，ほぼ全域にわたり「現実を表す問題」を例題，練習問題とするようにした。そのため，問題数は若干少なめとなったが，手を動かして解く価値のある問題をそろえたつもりだ。なお，練習問題の解はノートにまとめておくのが正攻法だろうが，その結果を後ろのページで改めて利用することも多いので，計算結果だけはこの本の余白に書き込んでおくことを薦める。

2019年1月

佐藤　求

目　　次

1. 微　　分

1.1　平均の傾きと微分係数 …………………………………………………… 1
1.2　導　関　数 ……………………………………………………………… 4
1.3　x^n の 微 分 ……………………………………………………………… 5
1.4　既知の微分の組合せ ……………………………………………………… 8
　　1.4.1　$Af(x)$ の 微 分 …………………………………………………… 8
　　1.4.2　和 の 公 式 ……………………………………………………… 9
　　1.4.3　積 の 公 式 ……………………………………………………… 10
　　1.4.4　合成関数の微分とその応用 …………………………………… 11
　　1.4.5　逆 関 数 の 微 分 ………………………………………………… 15
1.5　高 次 導 関 数 ……………………………………………………………… 16
1.6　速 度 と 加 速 度 …………………………………………………………… 17
　　1.6.1　瞬 間 の 速 度 …………………………………………………… 17
　　1.6.2　加 　 速 　 度 …………………………………………………… 18
1.7　極大値・極小値 …………………………………………………………… 19
1.8　三角関数の微分 …………………………………………………………… 22
　　1.8.1　基本の三角関数の微分 ………………………………………… 22
　　1.8.2　三角関数の二階微分 …………………………………………… 24
　　1.8.3　実 用 的 な 形 式 ………………………………………………… 25
　　1.8.4　交流電気とリアクタンス ……………………………………… 26
章 末 問 題 ………………………………………………………………………… 29

2. テイラー展開

2.1　一般の関数を整式で近似する …………………………………………… 31
2.2　テイラー展開の係数決定法 ……………………………………………… 32

2.3 三角関数のテイラー展開 ………………………………………… 37
章 末 問 題 ………………………………………………………………… 39

3. exp 関 数

3.1 指数関数 2^x の傾き ……………………………………………… 41
3.2 $\mathrm{d}f/\mathrm{d}x = f(x)$ の解 ……………………………………………… 43
3.3 $f(x) = \mathrm{e}^x$ のテイラー展開 ……………………………………… 45
3.4 指数関数の微分 ……………………………………………………… 46
3.5 双 曲 線 関 数 ………………………………………………………… 48
章 末 問 題 ………………………………………………………………… 50

4. 積分の基礎と意義

4.1 積 分 の 定 義 ………………………………………………………… 51
    4.1.1 不定積分と積分定数 ……………………………………… 51
    4.1.2 定 積 分 ……………………………………………………… 54
    4.1.3 積分と面積（区分求積法）……………………………… 57
4.2 物理現象への応用 …………………………………………………… 60
    4.2.1 変動量に対する平均 ……………………………………… 61
    4.2.2 等速直線運動・等加速度直線運動 ……………………… 62
    4.2.3 コンデンサの帯電量 ……………………………………… 63
    4.2.4 仕事とエネルギー ………………………………………… 64
    4.2.5 回転運動と慣性モーメント ……………………………… 68
4.3 回転対称系での積分 ………………………………………………… 70
章 末 問 題 ………………………………………………………………… 74

5. 積 分 の 技 法

5.1 部 分 積 分 …………………………………………………………… 76
5.2 変 数 変 換 …………………………………………………………… 78
5.3 $\sin^2 x$, $\cos^2 x$ の積分 ……………………………………………… 80

5.4 直 交 定 理 ………………………………………………………… *82*
章 末 問 題 ………………………………………………………… *84*

6. 微 分 方 程 式 1

6.1 微分方程式とは ………………………………………………… *86*
6.2 簡単な微分方程式と初期条件 …………………………………… *87*
6.3 線形微分方程式と重ね合わせの原理 …………………………… *89*
6.4 微分方程式で表現される物理現象 ……………………………… *92*
6.5 積 分 方 程 式 ………………………………………………… *98*
章 末 問 題 ………………………………………………………… *99*

7. 微 分 方 程 式 2

7.1 微分方程式を解かずに利用する ………………………………… *100*
7.2 減衰振動と強制振動 ……………………………………………… *103*
   7.2.1 減 衰 振 動 ……………………………………………… *104*
   7.2.2 （粘性抵抗下での）強制振動 …………………………… *107*
   7.2.3 LCR直列回路 …………………………………………… *110*
最も重要な微分 ………………………………………………………… *114*

8. 次 元 解 析

8.1 物理式と単位 ……………………………………………………… *115*
8.2 次元解析による解の予想 ………………………………………… *117*
8.3 単 位 と 次 元 ………………………………………………… *121*
8.4 MKSA単位系 …………………………………………………… *123*
章 末 問 題 ………………………………………………………… *124*

9. フ ー リ エ 解 析

9.1 フーリエ展開 ……………………………………………………… *125*

9.2　正規直交基底 …………………………………………………… 131
9.3　複素フーリエ展開 ……………………………………………… 133
9.4　フーリエ変換 …………………………………………………… 134

10. ラプラス変換

10.1　ラプラス変換の定義と目的 ………………………………… 136
10.2　ラプラス変換の基本法則 …………………………………… 139
　10.2.1　線　形　性 ………………………………………………… 139
　10.2.2　微分とラプラス変換 ……………………………………… 140
　10.2.3　積分のラプラス変換 ……………………………………… 140
10.3　逆ラプラス変換 ……………………………………………… 141
　10.3.1　一　般　解 ………………………………………………… 141
　10.3.2　部分分数分解 ……………………………………………… 141
10.4　微分方程式への応用 ………………………………………… 142

付　　　録

A.1　x の累乗の微分 ……………………………………………… 147
　A.1.1　n が整数の場合 …………………………………………… 147
　A.1.2　n が有理数の場合 ………………………………………… 148
　A.1.3　n が実数の場合 …………………………………………… 149
　A.1.4　n が複素数の場合 ………………………………………… 149
A.2　三角関数のまとめ …………………………………………… 151
　A.2.1　一般角に対する三角関数の定義 ………………………… 151
　A.2.2　加　法　定　理 …………………………………………… 153
　A.2.3　半　角　の　公　式 ……………………………………… 154
　A.2.4　同じ周期の三角関数の合成 ……………………………… 155
　A.2.5　和と積の変換公式 ………………………………………… 157
　A.2.6　微小角に対する近似 ……………………………………… 159
A.3　部分分数分解 ………………………………………………… 161
　A.3.1　王道的な方法 ……………………………………………… 161

  A.3.2　目 隠 し 法 ………………………………………… *162*
A.4　ラプラス変換に関する付記 ………………………………… *165*
  A.4.1　代表的な関数のラプラス変換 ……………………… *165*
  A.4.2　スケール変換 ………………………………………… *166*
  A.4.3　第 一 移 動 定 理 ……………………………………… *167*
  A.4.4　第二移動定理とステップ関数 ……………………… *167*
A.5　各　種　表 …………………………………………………… *169*
  A.5.1　アルファベットの代表的な使用例 ………………… *169*
  A.5.2　ギリシャ文字とその使用例 ………………………… *170*
  A.5.3　三 角 関 数 表 ………………………………………… *171*
A.6　正統ではない表現 …………………………………………… *173*
  A.6.1　物理量変数と単位の表記について ………………… *173*
  A.6.2　関 数 に つ い て ……………………………………… *173*
  A.6.3　二変数型関数の微分 ………………………………… *174*
  A.6.4　「距離は速度ではない」……………………………… *175*

章末問題解答 ………………………………………………………… *176*
索　　　引 …………………………………………………………… *179*

1　微　分

「掛算」,「割算」は小学生でも使いこなせる基本的な計算として認識されている。しかし,現実的な応用計算を考えるとき,これらの計算に必須な,「全員に同じ数だけ～」,「一定の割合で～」,「同じ**速度**で～」といった条件は成立しない場合が多い。気持ちとしては「掛算」,「割算」だが,「一定」という条件を外した計算規則が「積分」と「微分」である。逆にいうと,微積分を使わなければ,**変化してゆく対象に対して現実的な計算をすることはできない**のである。

この目的のためには多少味気ない部分もあるが,まずは微分の基礎的な計算方法をマスターしてゆこう[†]。

1.1　平均の傾きと微分係数

「1次関数 $y = ax + b$ のグラフは傾き a を持つ」という言葉は,まず,1次関数のグラフでは「『傾き』という量が定義できる」ことと,「その傾きは一定である」ことを意味し,その上で「その傾きは a と等しい」ことを意味している。(前二者は決して自明のことではないので,意識して取り扱うべきである。)

図 **1.1** を見てみよう。1次直線 $y = 2x + 2$ のグラフが描かれ,何か所かで「傾き」が測れるように補助線が引いてある。1次関数に関しては,「傾き」とは,2点 (x_0, y_0), (x_1, y_1) によって

$$\text{傾き} = \frac{y_1 - y_0}{x_1 - x_0} \tag{1.1}$$

と定義される量である。ここで重要なことは「**いかなる x_0, x_1 をとっても,式 (1.1) は一定の値をとる**」ということである。

本来,式 (1.1) は (x_0, y_0) と (x_1, y_1) の2点を設定しなくては計算できない式なので,「その2点をどこに選んでも結果は同じであり,2点を指定せずとも,"この直線の傾き" という

[†] その本質的な意味(微分は割算,積分は掛算)からすると意外だが,計算という意味では微分の方が積分よりもやさしいので,先に微分を学ぶ方がわかりやすい。

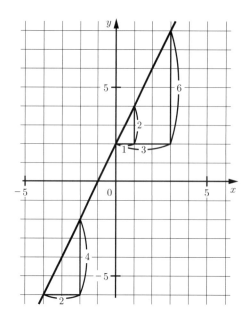

図 1.1　$y = 2x + 2$ のグラフ

x を 0 から 1 に増やせば y は 2 から 4 に増える。
x を 0 から 3 に増やせば y は 2 から 8 に増える。
$\dfrac{(y_1 - y_0)}{(x_1 - x_0)} = 2$ は x_1 の値がいくつでも成り立っている。

しかも，x_0 を変えてもこの比率は変わらない。そこで，1 次関数の場合には特に x_0, x_1 を指定せずに，「この関数の傾きは 2 である」という。

言葉で十分である」という事実は，1 次関数の場合にたまたま起こる幸運だと思うべきだろう。さもないと，発展した話をするときに大きな混乱が生じてしまうかもしれない。

現に，図 1.2 (a) を見ると，場所によって「傾き」が変わってしまうことが明白になる。「傾き」という言葉の定義は定かでなくとも，$y = x^2$ のグラフを見れば，常識的なセンスとして「$x = 0$ から離れるにしたがって傾きが急になっている」ことはわかる。

とはいえ，イメージだけの言葉を使って定義を与えないのでは話が進まない。式 (1.1) を改め，一般の関数に対する傾きを定義しよう。

平均の傾き

関数 $f(x)$ に対して

$$x_0, x_1 \text{ の間での「平均の傾き」} = \frac{f(x_1) - f(x_0)}{x_1 - x_0} \qquad (1.2)$$

と定義する。

ただし，$f(x)$ が不連続だったり，x_0, x_1 で値を持たないような場合については本書では扱わない†。

さて，しかし，図 1.2 の曲線を見ると，われわれの日常感覚的な意味での「傾き」は式 (1.2)

---

† そのような場合でも平均の傾きを考えることはできるが，物理的現象を理解するためという本書の目的には必要ない。

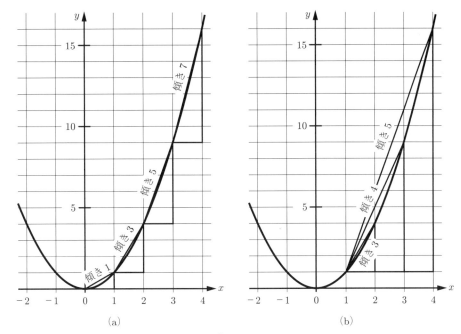

図 1.2 $y = x^2$ のグラフとその傾き

(a) では $x_1 - x_0 = 1$ を一定に，(b) では $x_0 = 1$ を一定にし，いくつかの区間での平均の傾きを求めてある．いずれも，x_0 と x_1 をつないだ直線の傾きと考えることもできるが，2 次関数では平均の傾きが一定ではないことがわかる．

に従って描かれた直線の傾きとは違ったもののような気がする．特に図 (b) に示された「平均の傾き」は本当の「傾き」と大きく違うような気がする．これは次の二つの理由による．

- 「点 x_0 での傾き」という言葉を使いたいのに，図 (b) では始点 x_0 を決めても，終点 x_1 次第で「平均の傾き」が異なってしまうことがあらわになっている．
- 終点 x_1 が大きくなるほど（$x_1 - x_0$ が大きくなるほど），補助直線が x^2 曲線から離れてしまっているため，x^2 曲線の傾きを出しているという気がしない．

この二つを一度に解消するうまい方法がある．$x_1 \simeq x_0$ ならば，「傾き」は x_1 を指定せずとも x_0 だけで（ほとんど）決まるであろう．また，もちろん補助直線は非常に短く，元の曲線とほとんど一致するだろう．

もう少し厳密な言葉使いをしよう．$x_1 - x_0 = \delta x \simeq 0$ とするならば

$$x_1 = x_0 + \delta x, \qquad f(x_1) = f(x_0 + \delta x)$$

となり，平均の傾きの式は x_1 を含まなくなる（その代わり δx を含むわけだが，δx はきわめて小さいという極限操作を行うことにする）．

4   1. 微　　　分

> **微分係数の定義**
>
> 関数 $f(x)$ で，x_0 に対し
> $$\lim_{\delta x \to 0} \frac{f(x_0 + \delta x) - f(x_0)}{\delta x} \tag{1.3}$$
> が存在するとき[†1]，これを「$f(x)$ の x_0 での微分係数」あるいは「$f(x)$ の x_0 における導関数の値」，「$f(x)$ の微分の x_0 のときの値」などと呼び
> $$f'(x_0) = \left.\frac{\mathrm{d}f(x)}{\mathrm{d}x}\right|_{x=x_0} = \lim_{\delta x \to 0} \frac{f(x_0 + \delta x) - f(x_0)}{\delta x} \tag{1.4}$$
> と書く。

　実際には，「数式に値を入れて出てきた値そのもの」よりも，微分により得られた「新たな関数の形」のほうが重要で[†2]，微分係数を求めるために微分するという意識は少ない。

1.2　導　関　数

　われわれは式 (1.4) によって，日常的な感覚に一致する「傾き」を数学的に定義できたわけであるが，微分係数の値は x_0 によって変化する，つまり x_0 の関数になっているといえる（$f(x) = x^2$ のように傾きが場所によって変化する場合を考えるために始めた話なので，もちろんそれでよい）。

　これは「元の関数 $f(x)$ から，その傾きを求める新たな関数を生み出した」ということであり，その意味で次のように書かれる。

> **微分の定義**
>
> 関数 $f(x)$ の適当な範囲で
> $$\lim_{\delta x \to 0} \frac{f(x + \delta x) - f(x)}{\delta x} \tag{1.5}$$
> が存在するとき，これを「$f(x)$ の微分」あるいは「$f(x)$ の**導関数**」と呼び
> $$f'(x) = \frac{\mathrm{d}f(x)}{\mathrm{d}x} = \lim_{\delta x \to 0} \frac{f(x + \delta x) - f(x)}{\delta x} \tag{1.6}$$
> と書く[†3]。

[†1]　この極限値が存在するとは限らないのでこのような表現をするが，実用的な関数においてはあまり心配しないで構わない。

[†2]　「値を計算せずに関数形で納得する」のを不安に感じる読者は，微分を学ぶ前に，いくつもの関数のグラフを描く練習を繰り返して「関数」に慣れておこう。

[†3]　$\mathrm{d}f = f'\mathrm{d}x$ を「微分」と呼び，$\mathrm{d}f(x)/\mathrm{d}x$ は「導関数」または「微分商」とする呼び方もある。

「微分係数を求める」という場合は x_0 を代入して傾きの値を求めることを意味するのに対し，「微分する」あるいは「導関数を求める」という場合は，式 (1.6) によって新たな関数を求める（**関数形を考える**）ことを意味している。

この際，$\dfrac{\mathrm{d}f(x)}{\mathrm{d}x}$ と書かずに $\dfrac{\mathrm{d}f}{\mathrm{d}x}$ で済ますこともあるし，あらわに書いてもあまり長くない関数，例えば $f(x) = \sin x$ 程度なら $\dfrac{\mathrm{d}\sin x}{\mathrm{d}x}$ と書いたり，逆に $f(x) = A\sin(\omega t + \theta)$ のような長い関数なら $\dfrac{\mathrm{d}}{\mathrm{d}x}\{A\sin(\omega t + \theta)\}$ と下に降ろしたりと，適時書きやすい書き方を使用する。しかし，$\dfrac{\mathrm{d}f}{\mathrm{d}x} = \dfrac{\mathrm{d}\!\!\!/ f}{\mathrm{d}\!\!\!/ x}$ のような約分（？）は**絶対にしてはいけない**[†1]。$\dfrac{\mathrm{d}f}{\mathrm{d}x}$ の d は変数ではなく記号だからだ（字体に注意）。

  f' はラグランジュ流書式，$\mathrm{d}f/\mathrm{d}x$ はライプニッツ流書式と呼ばれる。高校教科書等ではラグランジュ流書式が主流であるが，ライプニッツ流書式のほうが多くの面で優れているので本書ではライプニッツ流書式を使う[†2]。

1.3 x^n の 微 分

微分の実用上の意味に触れる前に，まずは計算規則を身につけながら微分の感覚を養っていくとしよう。

微分の意味が「傾き」である以上，もっとも簡単な微分は「傾きが一定の関数」すなわち $f(x) = ax + b$（a, b は定数）の微分であろう。さっそく，微分の定義式 (1.6) に従って，この微分を求めてみよう。

$$
\begin{aligned}
\frac{\mathrm{d}f(x)}{\mathrm{d}x} &= \lim_{\delta x \to 0} \frac{f(x + \delta x) - f(x)}{\delta x} \\
&= \lim_{\delta x \to 0} \frac{\{a(x + \delta x) + b\} - \{ax + b\}}{\delta x} \\
&= \lim_{\delta x \to 0} \frac{a \cdot \delta x}{\delta x} \\
&= a
\end{aligned}
\tag{1.7}
$$

予定通り，傾き a が一定の値であることを確かめたところで，もう少し，順を追って整式の微分公式を求めてゆこう。

[†1] 例えば，$\dfrac{\mathrm{d}x^2}{\mathrm{d}x} = \dfrac{\mathrm{d}\!\!\!/ x^2}{\mathrm{d}\!\!\!/ x} = x$ のような**間違い**をやらかす人がいるが，$(\mathrm{d}x^2)$ や $(\mathrm{d}x)$ はそれでひとまとまりの記号であり，分解してはいけない。

[†2] ほかに，コーシー流書式やニュートン流書式がある。特にニュートンは微積分の発見をめぐってライプニッツと激しい業績争いをした。その影響で無理にニュートン流書式に拘ったイギリスでは，ライプニッツ流書式に従ったヨーロッパ大陸に比べて微積分学の発達が 100 年遅れたとまでいわれている。適切な表現記号が物事の理解にいかに重要かがわかるだろうか。

6   1. 微分

> **定数の微分**
>
> a が定数ならば
>
> $$\frac{\mathrm{d}a}{\mathrm{d}x} = 0$$

証明

定数はつねに一定の値なのだから，傾きは 0 である。
で十分であるが，あえて定義通りに式を書き連ねるなら，$f(x) = a$ を用意し

$$\begin{aligned}
\frac{\mathrm{d}f(x)}{\mathrm{d}x} &= \lim_{\delta x \to 0} \frac{f(x + \delta x) - f(x)}{\delta x} \\
&= \lim_{\delta x \to 0} \frac{a - a}{\delta x} \\
&= 0
\end{aligned} \tag{1.8}$$

としてやればよい。

> **x の自然数乗の微分**
>
> 自然数 n に対して
>
> $$\frac{\mathrm{d}x^n}{\mathrm{d}x} = nx^{n-1} \tag{1.9}$$

証明

$f(x) = x^n$ とすると

$$\begin{aligned}
\frac{\mathrm{d}f(x)}{\mathrm{d}x} &= \frac{\mathrm{d}x^n}{\mathrm{d}x} \\
&= \lim_{\delta x \to 0} \frac{(x + \delta x)^n - x^n}{\delta x} \\
&= \lim_{\delta x \to 0} \frac{(\cancel{x^n} + nx^{n-1}\delta x + \cdots) - \cancel{x^n}}{\delta x} \\
&= nx^{n-1}
\end{aligned} \tag{1.10}$$

となる。途中，$(x + \delta x)^n$ の展開には

$$(x + y)^n = x^n + nx^{n-1}y + \cdots + nxy^{n-1} + y^n$$

を用いているが，y に対応する δx は微小量であるので，$x^{n-2}y^2$ より後ろの項は使っていない。

また，証明は付録 A.1 に譲るが，べき数 n は自然数に限らない。

---

x^r の微分

$0 < x$ の範囲では，自然数 n に限らず実数 r に対しても

$$\frac{\mathrm{d}x^r}{\mathrm{d}x} = rx^{r-1} \tag{1.11}$$

がいえる†。

なお，x の負数乗と分数乗の意味は，自然数 n に対して

$$x^{-n} = \frac{1}{x^n} \tag{1.12}$$

$$x^{\frac{1}{n}} = \sqrt[n]{x} \tag{1.13}$$

であり，実数乗の意味は，その実数 r に近い有理数 q を乗じた値の極限によって定める。例えば

$$x^{1.4},\ x^{1.41},\ x^{1.414},\ x^{1.4142},\ \ldots \longrightarrow x^{\sqrt{2}} \tag{1.14}$$

というわけである。

例題 1.1

$0 < x$ または $0 < r$ で定義された次の関数を微分せよ。
(1) $f(x) = \sqrt{x}$ (2) $g(r) = \dfrac{1}{r}$

解答

(1) 式 (1.11) より

$$\begin{aligned}
\frac{\mathrm{d}\sqrt{x}}{\mathrm{d}x} &= \frac{\mathrm{d}x^{\frac{1}{2}}}{\mathrm{d}x} \\
&= \frac{1}{2} \cdot x^{\frac{1}{2}-1} \\
&= \frac{1}{2} \cdot x^{-\frac{1}{2}} \\
&= \frac{1}{2\sqrt{x}}
\end{aligned}$$

(2) 変数が r となっただけで，式 (1.11) がそのまま使える。

---

† 式 (1.11) は実数 r だけでなく，複素数 z に対しても成り立つが，ここでは「実数の複素数乗」の意味がわからないので実数まででやめておく。

1. 微分

$$\begin{aligned}\frac{\mathrm{d}}{\mathrm{d}r}\left(\frac{1}{r}\right) &= \frac{\mathrm{d}r^{-1}}{\mathrm{d}r} \\ &= -1 \cdot r^{-2} \\ &= -\frac{1}{r^2}\end{aligned}$$

練習問題 1.1

$0 < x$ または $0 < r$ で定義された次の関数を微分せよ。

(1) $S(x) = x^2$ (2) $f(r) = \dfrac{1}{r^2}$ (3) $y(x) = \sqrt[3]{x}$

(4) $g(r) = \dfrac{1}{\sqrt{r}}$ (5) $h(x) = \dfrac{\sqrt{x}}{x^2}$

1.4 既知の微分の組合せ

なにか与えられた関数を微分しろといわれたとき，毎回毎回，定義式 (1.6) から計算するのは大変だ。できれば，いくつかの既知の事柄の組合せで新しい問題にも対処したい。

例えば，式 (1.11) を使えば，x^2 の微分や $\sqrt{x}$ の微分は求められる。これらを知っていれば，$2x^2$ の微分や $x^2 + \sqrt{x}$ の微分等が簡単に求まる，という話はいかにもありそうだ。

本節では既知の関数の組合せからなる関数の微分を考えてゆこう。

1.4.1 $Af(x)$ の微分

ある関数 $g(x)$ の微分についてはすでにわかっているとき，それを定数倍して作った新しい関数 $f(x) = Ag(x)$ の微分はどうなるだろうか？

定数倍の微分

$f(x) = Ag(x)$ のとき（ただし，A は定数）

$$\frac{\mathrm{d}f(x)}{\mathrm{d}x} = A\frac{\mathrm{d}g(x)}{\mathrm{d}x} \tag{1.15}$$

証明

$$\frac{\mathrm{d}f(x)}{\mathrm{d}x} = \lim_{\delta x \to 0} \frac{f(x + \delta x) - f(x)}{\delta x}$$

$$= \lim_{\delta x \to 0} \frac{Ag(x+\delta x) - Ag(x)}{\delta x}$$
$$= A \lim_{\delta x \to 0} \frac{g(x+\delta x) - g(x)}{\delta x}$$
$$= A \frac{\mathrm{d}g(x)}{\mathrm{d}x}$$

$\mathrm{d}g/\mathrm{d}x$ については既知だそうなので,「最終行の $\mathrm{d}g/\mathrm{d}x$ をさらに計算しないと…」などと心配する必要はない.

1.4.2 和 の 公 式

次は,二つの関数 $g(x)$ と $h(x)$ それぞれの微分が,すでにわかっているとき,$f(x) = g(x) + h(x)$ の微分を求めてみよう.

和の公式

$f(x) = g(x) + h(x)$ のとき
$$\frac{\mathrm{d}f(x)}{\mathrm{d}x} = \frac{\mathrm{d}g(x)}{\mathrm{d}x} + \frac{\mathrm{d}h(x)}{\mathrm{d}x} \tag{1.16}$$

証明

$$\frac{\mathrm{d}f(x)}{\mathrm{d}x} = \lim_{\delta x \to 0} \frac{f(x+\delta x) - f(x)}{\delta x}$$
$$= \lim_{\delta x \to 0} \frac{\{g(x+\delta x) + h(x+\delta x)\} - \{g(x) + h(x)\}}{\delta x}$$
$$= \lim_{\delta x \to 0} \left(\frac{g(x+\delta x) - g(x)}{\delta x} + \frac{h(x+\delta x) - h(x)}{\delta x} \right)$$
$$= \frac{\mathrm{d}g(x)}{\mathrm{d}x} + \frac{\mathrm{d}h(x)}{\mathrm{d}x}$$

(ただし,それぞれの関数は微分可能であるとする.)

大げさに考える必要はない.例えば,

「$g(x) = x^3$ と $h(x) = x^2$ のそれぞれの微分はもう知っているが,$f(x) = x^3 + x^2$ の微分はどうなる?」という質問であり,

「単純に,各項を別々に微分して $\mathrm{d}f/\mathrm{d}x = 3x^2 + 2x$ でよいのですよ」という答えである.

(「足してから微分する」のと「微分してから足す」のは同じことであるという,一見して当たり前の結論であるが,次項の「積の公式」で見るように,「一見してそれらしい」ことは「本当に当たり前」とは限らないので,ちゃんと証明する必要がある.)

また，和の公式と定数倍の微分とを合わせて，次のようにまとめることもできる。

微分の線形性

$f(x)$, $g(x)$ は微分可能な関数で，A, B は定数としたとき

$$\frac{\mathrm{d}Af(x)+Bg(x)}{\mathrm{d}x} = A\frac{\mathrm{d}f(x)}{\mathrm{d}x} + B\frac{\mathrm{d}g(x)}{\mathrm{d}x} \tag{1.17}$$

式 (1.17) がなぜ「線形性」と呼ばれるのかはさておき[†1]，A, B が定数であることに十分な注意を払っておこう。

1.4.1 項の証明を見直すと，「A が定数だから，共通因子として外に括り出せる」ことが使われているのに気付く。$f(x)$ を関数 $g(x)$ 倍する場合には，これほど簡単ではない。

1.4.3 積の公式

同様に，$\mathrm{d}g/\mathrm{d}x$ と $\mathrm{d}h/\mathrm{d}x$ を求めることは可能だとして，$f(x) = g(x) \cdot h(x)$ の微分はどうなるだろうか？

積の公式

$f(x) = g(x) \cdot h(x)$ のとき

$$\frac{\mathrm{d}f(x)}{\mathrm{d}x} = \frac{\mathrm{d}g(x)}{\mathrm{d}x} \cdot h(x) + g(x) \cdot \frac{\mathrm{d}h(x)}{\mathrm{d}x} \tag{1.18}$$

ここでは

$$\cancel{\frac{\mathrm{d}f(x)}{\mathrm{d}x} = \frac{\mathrm{d}g(x)}{\mathrm{d}x} \cdot \frac{\mathrm{d}h(x)}{\mathrm{d}x}}$$

などとはならないことに注意しておきたい[†2]。

[†1] 「線形」とは大雑把にいって，比例的，1 次式，といった意味。「微分が線形性を持っている」ということは，乱暴にいえば，$\{(f(x)\}^2$ や $f(x) \cdot g(x)$ などの項（これらは 1 次ではない）を含まないように $f(x)$ と $g(x)$ を合成した式は微分しやすく，それは，元々「微分」がよい性質を持っているおかげだということ。

[†2] 「なんとなく，こんなモンじゃないの？」なんてのは論拠にならないのだが，数学のできない人は，こういった失敗を反省して注意深くなるのではなく，「例外」といって早く忘れようとするようだ…。

1.4 既知の微分の組合せ

証明

$$\begin{aligned}
\frac{\mathrm{d}f(x)}{\mathrm{d}x} &= \lim_{\delta x \to 0} \frac{f(x+\delta x) - f(x)}{\delta x} \\
&= \lim_{\delta x \to 0} \frac{g(x+\delta x) \cdot h(x+\delta x) - h(x) \cdot g(x)}{\delta x} \\
&= \lim_{\delta x \to 0} \left\{ \frac{g(x+\delta x) \cdot h(x+\delta x) - g(x) \cdot h(x+\delta x)}{\delta x} \right. \\
&\qquad\qquad \left. + \frac{g(x) \cdot h(x+\delta x) - g(x) \cdot h(x)}{\delta x} \right\} \\
&= \lim_{\delta x \to 0} \left\{ \frac{g(x+\delta x) - g(x)}{\delta x} \cdot h(x+\delta x) \right. \\
&\qquad\qquad \left. + g(x) \cdot \frac{h(x+\delta x) - h(x)}{\delta x} \right\} \\
&= \frac{\mathrm{d}g(x)}{\mathrm{d}x} \cdot h(x) + g(x) \cdot \frac{\mathrm{d}h(x)}{\mathrm{d}x}
\end{aligned}$$

(2 行目から 3 行目への変形では,わざと差し引き 0 になる項を書き加えている。)

1.4.4 合成関数の微分とその応用

高さ h が位置 x の関数として決まっている坂道を歩いている場合を考える。x は時刻 t の関数であろうから,t を定めれば結局 h も定まることになる。つまり,$h(x) = h\big((x(t)\big)$ となる(このような関数を**合成関数**という)。坂道の形状がわかっていれば $\mathrm{d}h/\mathrm{d}x$ は求められるし,移動速度 $\mathrm{d}x/\mathrm{d}t$ もわかっているとする。これらから,上下方向の移動速度 $\mathrm{d}h/\mathrm{d}t$ を求めるにはどうしたらよいのだろうか?

合成関数の微分

$f\big(g(x)\big)$ を考えるとき

$$\frac{\mathrm{d}f\big(g(x)\big)}{\mathrm{d}x} = \frac{\mathrm{d}f(g)}{\mathrm{d}g} \cdot \frac{\mathrm{d}g(x)}{\mathrm{d}x} \tag{1.19}$$

式 (1.19) は,単純な分数式の約分,$\dfrac{\boldsymbol{f}}{\boldsymbol{x}} = \dfrac{\boldsymbol{f}}{\boldsymbol{g}} \cdot \dfrac{\boldsymbol{g}}{\boldsymbol{x}}$ ではないので,$f(g)$ や $g(x)$ の性質によっては成り立たない場合もある。しかし,実用的な場合に関していえば,**合成関数の微分式は,まるで約分のように当然に成り立つ**といってよい[†]。

(1.2 節での注意と異なり,$(\mathrm{d}g)$ がひとまとまりのまま扱われている点に注意。)

[†] 式 (1.19) が一見して自明に見え,憶えやすいのはライプニッツ流書式の大きなメリットである。ラグランジュ流書式では $\big\{f\big(g(x)\big)\big\}' = f'(g) \cdot g'(x)$ となり,けっしてわかりやすいとはいえない。

証明

$\delta g = g(x+\delta x) - g(x)$ とする。この δg は $x, \delta x$ によって決まるが，いずれにせよ $\delta x \to 0$ で $\delta g \to 0$ と考えられる。したがって

$$\begin{aligned}\frac{\mathrm{d}}{\mathrm{d}x}\{f(g(x))\} &= \lim_{\delta x \to 0} \frac{f(g(x+\delta x)) - f(g(x))}{\delta x} \\ &= \lim_{\delta x \to 0} \frac{f(g+\delta g) - f(g)}{\delta x} \\ &= \lim_{\delta x \to 0} \frac{f(g+\delta g) - f(g)}{\delta g} \cdot \frac{\delta g}{\delta x} \\ &= \lim_{\delta g \to 0} \frac{f(g+\delta g) - f(g)}{\delta g} \cdot \lim_{\delta x \to 0} \frac{\delta g}{\delta x} \\ &= \frac{\mathrm{d}f(g)}{\mathrm{d}g} \cdot \frac{\mathrm{d}g(x)}{\mathrm{d}x}\end{aligned}$$

となる[†]。

なお，具体的に $g(x)$ が与えられているときには，いちいち「〜を $g(x)$ とおくと…」などとしないほうが式が見やすい。高校数学などでは，しきりと式を1文字の記号で置き換えたがるが，長い式を何度も書くのが面倒なとき以外は上手く括弧を活用したほうがわかりやすい（最初，わかり難く感じたとしても慣れてしまうべきである）。

むやみに置き換えをするより，積極的に括弧を使うほうが見やすいことは例題 1.2 を見れば納得がゆくだろう。

例題 1.2

合成関数の微分の方法で，$\mathrm{d}(ax+b)^2/\mathrm{d}x$ を求めよ。

解答

式 (1.19) の心に従い

$$\begin{aligned}\frac{\mathrm{d}(ax+b)^2}{\mathrm{d}x} &= \frac{\mathrm{d}(ax+b)^2}{\mathrm{d}(ax+b)} \cdot \frac{\mathrm{d}(ax+b)}{\mathrm{d}x} \\ &= 2(ax+b) \cdot a \\ &= 2a(ax+b)\end{aligned}$$

となる。

[†] われわれは物理的に意味のある関数だけを考えるつもりなので，$g(x)$ が不連続などという場合は考えないし，「$\mathrm{d}g/\mathrm{d}x = 0$ になる場合は $\delta g = 0$ だから 0 での割算が生じて…」ほか，完璧を期するための詳細な議論は省く。

別解

いちいち置き換えをし,式 (1.19) の**字面**に従うなら,
$f(g) = g^2$, $g(x) = ax + b$ と書き換えて

$$\begin{aligned}
\frac{\mathrm{d}(ax+b)^2}{\mathrm{d}x} &= \frac{\mathrm{d}f\big(g(x)\big)}{\mathrm{d}x} \\
&= \frac{\mathrm{d}f(g)}{\mathrm{d}g} \cdot \frac{\mathrm{d}g(x)}{\mathrm{d}x} \\
&= \frac{\mathrm{d}g^2}{\mathrm{d}g} \cdot \frac{\mathrm{d}(ax+b)}{\mathrm{d}x} \\
&= 2g \cdot a \\
&= 2(ax+b) \cdot a \\
&= 2a(ax+b)
\end{aligned}$$

となる。

もちろん,例題 1.2 の結果は,合成関数として見ないで微分する方法

$$\begin{aligned}
\frac{\mathrm{d}}{\mathrm{d}x}(ax+b)^2 &= \frac{\mathrm{d}}{\mathrm{d}x}(a^2x^2 + 2abx + b^2) \\
&= 2a^2x + 2ab
\end{aligned}$$

と一致する。

練習問題 1.2

以下の式を,式 (1.19) を使う方法と,あらかじめ展開する方法,両方で微分し,両者の一致を確かめよ。

(1) $f(x) = (x+1)^3$ 　　 (2) $f(x) = (ax+b)^2 + 2(ax+b) + 1$

多くの読者は例題 1.2 や練習問題 1.2 に対して,「展開すればよいのに,わざわざ小難しくやっている」という感想を持つだろう。そこで次のような微分を行ってみよう。

練習問題 1.3

式 (1.11), (1.19) を利用して次の各関数を微分せよ。

(1) $f(x) = \dfrac{1}{2x-1}$ 　　 (2) $y(x) = \dfrac{1}{x^2+1}$

(3) $l_1(x) = \sqrt{x^2 + d^2}$ 　　 (4) $l_2(x) = \sqrt{(L-x)^2 + d^2}$

(ただし,(1) では $x \neq 1/2$,(3),(4) では L, d は定数。)

14   1. 微分

積の微分（式 (1.18)），合成関数の微分（式 (1.19)），x^r の微分（式 (1.11)）を利用すれば次のような公式もいえる[†]。

分数関数の微分

$\dfrac{f(x)}{g(x)}$ を考えるとき

$$\frac{\mathrm{d}}{\mathrm{d}x}\left(\frac{f(x)}{g(x)}\right) = \frac{\dfrac{\mathrm{d}f(x)}{\mathrm{d}x} \cdot g(x) - f(x) \cdot \dfrac{\mathrm{d}g(x)}{\mathrm{d}x}}{g(x)^2} \tag{1.20}$$

証明

$$\begin{aligned}
\frac{\mathrm{d}}{\mathrm{d}x}\left(\frac{f(x)}{g(x)}\right) &= \frac{\mathrm{d}}{\mathrm{d}x}\left(f(x) \cdot \frac{1}{g(x)}\right) \\
&= \frac{\mathrm{d}f(x)}{\mathrm{d}x} \cdot \frac{1}{g(x)} + f(x) \cdot \frac{\mathrm{d}}{\mathrm{d}x}\left(\frac{1}{g(x)}\right) \\
&= (\quad 〃 \quad) + f(x) \cdot \frac{\mathrm{d}g^{-1}}{\mathrm{d}g} \cdot \frac{\mathrm{d}g(x)}{\mathrm{d}x} \\
&= (\quad 〃 \quad) + f(x) \cdot (-g^{-2}) \cdot \frac{\mathrm{d}g(x)}{\mathrm{d}x} \\
&= (\quad 〃 \quad) - \frac{f(x)}{g(x)^2} \cdot \frac{\mathrm{d}g(x)}{\mathrm{d}x} \\
&= \frac{\dfrac{\mathrm{d}f(x)}{\mathrm{d}x} \cdot g(x) - f(x) \cdot \dfrac{\mathrm{d}g(x)}{\mathrm{d}x}}{g(x)^2}
\end{aligned}$$

はてさて，合成関数の微分は色々と応用が広いのだが，現実的な問題にあたる上で，最低限，これだけは使えるようになっていないと先に進まない式を書いておこう。

合成関数の微分（簡略バージョン）

特に，$g(x) = ax + b$ のとき

$$\frac{\mathrm{d}f(ax+b)}{\mathrm{d}x} = a \cdot \frac{\mathrm{d}f(ax+b)}{\mathrm{d}(ax+b)} \tag{1.21}$$

[†] 確かにいえる，が，この類の式を「公式」として憶えるような行為は勧められない。式 (1.20) を一生懸命憶えるのではなく，式 (1.11)，(1.18)，(1.19) を使って，必要に応じて自分で導けるようにならなくてはいけない。
　十分に理解した上でなら，試験等の時間節約のために「公式」を憶えるのも有用だが，中身の理解できない「公式」を憶えようとするのは，数学から最もかけ離れた行為である。

もちろん，これは合成関数の特別な場合であるから，式 (1.19) が使いこなせれば，わざわざ別物と考える必要はない．ここであえて別に書いたのは，この形の合成関数が頻出するからである．つまり，現実の問題で登場するのは $\sin(\omega t + \theta)$ や e^{-at} という「$g(x) = ax+b$ の形の合成関数」であり，$\sin x$ や e^x を微分できるだけではなんの役にも立たないからである[†1]．

1.4.5 逆関数の微分

「x を一つ定めるとそれに対応する y が一つだけ定まる」のが「y が x の関数である」という言葉の意味であった．

それは必ずしも「y を一つ定めるとそれに対応する x が一つだけ定まる」を意味するわけではないのだが，マトモな関数では x, y を適当な範囲に制限すれば x と y が 1 対 1 対応するようにできる場合が多い．

例えば，$y = x^2$ のとき，$x = \pm\sqrt{y}$ なので x は一つに決まらないのだが，$x \geq 0, y \geq 0$ に制限すれば，$x = \sqrt{y}$ となり，「x もまた y の関数である」といえる．このとき，「2乗関数とルート関数は逆関数の関係にある」といい，$f(x) = x^2$ に対して，$f^{-1}(y) = \sqrt{y}$ と書く[†2]．

さて，df/dx がわかっているとき，df^{-1}/dy はどうなるのだろうか？

逆関数の微分

$y = f(x)$ のとき

$$\frac{df^{-1}(y)}{dy} = \frac{1}{\left(\dfrac{df(x)}{dx}\right)} \qquad (1.22)$$

しかし，実際には，変数の付替え時に混乱しがちなので，式 (1.22) よりも，次の形で使われる場合が多い．

$$\frac{df}{dx} = \frac{1}{\left(\dfrac{dx}{df}\right)} \qquad (1.23)$$

[†1] 一方，$\sin(x^2)$ や $\sin(1/x)$ のような複雑な合成関数の微分は，実際にはあまり必要ない．
[†2] $f^{-1}(y)$ は「エフ インバース」と読む．ただの逆数 $\{f(y)\}^{-1} = 1/f(y)$ と間違えるなというほうが無理があるのだが，すでに定着してしまっている記号なので，今更，直させるわけにもいかないのだ．

証明

$\delta x \to 0$ で $\delta f \to 0$ であると考えてよい関数なら

$$\frac{\mathrm{d}f}{\mathrm{d}x} = \lim_{\delta x \to 0} \frac{\delta f}{\delta x} = \lim_{\delta f \to 0} \frac{1}{\left(\dfrac{\delta x}{\delta f}\right)}$$

とできる。

式 (1.23) は例えば，次のように使われる[†1]。

$$\begin{aligned}\frac{\mathrm{d}\sqrt{x}}{\mathrm{d}x} &= \left(\frac{\mathrm{d}x}{\mathrm{d}\sqrt{x}}\right)^{-1} \\ &= \left(\frac{\mathrm{d}(\sqrt{x})^2}{\mathrm{d}\sqrt{x}}\right)^{-1} \\ &= \left(2\sqrt{x}\right)^{-1} \\ &= \frac{1}{2\sqrt{x}}\end{aligned}$$

合成関数の微分や逆関数の微分が，まるで分数の約分や逆数処理のように見える形で表現されるという点は，ライプニッツ流書式の最大のメリットである。

1.5 高次導関数

適当な関数 $f(x)$ の微分を $g(x) = \mathrm{d}f/\mathrm{d}x$ とすると，一般に $g(x)$ もまた x の関数である。このような観点から $g(x)$ を $f(x)$ の導関数と呼んでいたが，$g(x)$ をさらに微分することもできそうだ。それを

$$\frac{\mathrm{d}g(x)}{\mathrm{d}x} = \frac{\mathrm{d}}{\mathrm{d}x}\left(\frac{\mathrm{d}f(x)}{\mathrm{d}x}\right) = \frac{\mathrm{d}^2 f(x)}{\mathrm{d}x^2} \tag{1.24}$$

と書き，$f(x)$ の**二階微分**と呼ぶ[†2]。

同様に $f(x)$ の微分を n 回を繰り返して得られる，n 階微分は $\mathrm{d}^n f(x)/\mathrm{d}x^n$ と書く。

[†1] もちろん，$\sqrt{x} = x^{1/2}$ として式 (1.11) を使ってもよいが，本来，式 (1.11) の証明にはこの方法が使われる（付録 A.1.2 参照）。
[†2] 誤植ではない。「微分を 2 回行った」という意味よりも，「その結果，2 段階深い階層に潜った」という意味を持っている。「階層」というセンスは実際の問題にあたって行くうちに理解されるであろう。

ここではライプニッツ流書式に従っているが，ラグランジュ流書式では，x の関数 $f(x)$ に対する一階微分，二階微分，…，n 階微分は $f'(x)$, $f''(x)$, …, $f^{[n]}(x)$ と書かれる。

また，ニュートンは物理学への応用のために微積分を考えたので，実用上重要である「時刻 t での微分」のみを考えていた。すなわち，物体の位置を表す関数 x を微分して「速度」を求めるためには $\dot{x}$ と書き，x の二階微分により「加速度」を求めるためには $\ddot{x}$ と書くとしたが，一般に「$f(x)$ を "x で" 微分する」ことを表す簡潔な記号は使わなかった[†1]。これはニュートン流書式の大きなデメリットである。

なお，物理量 f を位置 x で微分する場合は f'，時刻 t で微分する場合は $\dot{f}$ という使い分けをする場合もある。

1.6 速度と加速度

1.6.1 瞬間の速度

微分の実用的な使い道は，「関数の増減」，「最大値・最小値」，「物理量の定義」，「微小変化の近似」など，多岐にわたるが，ここで，力学の最も基本的な量である「速度」，「加速度」について説明し，「物理量の定義」という意義付けをしておこう。

日常的に速度とは「速度 ＝ 距離 ÷ 時間」とされている[†2]。

きちんと書き直すと，時刻 t_0〔s〕での位置を x_0〔m〕，時刻 t_1〔s〕での位置を x_1〔m〕とするなら，その間の平均速度 $\overline{v}$〔m/s〕は

$$\overline{v} = \frac{x_1 - x_0}{t_1 - t_0} \tag{1.25}$$

である。また，位置 $x(t)$ を時刻 t の関数とし，$t_1 - t_0 = \Delta t$ とするなら

$$\overline{v} = \frac{x(t_1) - x(t_0)}{t_1 - t_0} = \frac{x(t_0 + \Delta t) - x(t_0)}{\Delta t} \tag{1.26}$$

となる。

式 (1.26) は微分の定義である式 (1.6) とよく似ているが，Δt の lim 操作をしていない点が異なっている。

事実，これもまた日常的に常識的な出来事であるが，運動の様子は一定ではない。車に 1 時間乗ってどこかに移動することを考えたなら，式 (1.25), (1.26) で求められるのは，快適に進んでいる状態，渋滞で低速運転している状態，赤信号で止まっている状態等がすべて含まれた「平均速度」でしかないことは十分に理解できるだろう。

ここで「平均」ではない，「その瞬間の」値（**瞬間速度**）を以下のように定義する。

まず，Δt がきわめて短い時間であるとして δt と書き換える[†3]。その短い時間の間には運動の様子はほとんど変化しないであろうから，「その間の平均速度」は「その瞬間の速度」と

[†1] どうしても必要な場合には $\dot{f}/\dot{x}$ とする苦しい表記をするはめになった。p.5 の脚注 †2 も参照。
[†2] 正しくは，大きさだけを気にし，右に行こうが左に行こうが構わない場合を「速さ」とし，方向についても判断する場合は「速度」と呼ぶが，ここではその違いについては拘らない。
[†3] Δt と δt の使い分けには厳密なルールがあるわけではないが，比較すると，Δt のほうは「（必ずしも微小とは限らない）単なる差」，という意味が強く，δt は「微小量」という意味が強いようである。さらに dt となると，完全に微積分を念頭に置いた「記号」となっている。

呼んでもよいだろう．以下，瞬間速度を単に速度と呼び，$v(t)$ で表すと
$$v(t) = \lim_{\delta t \to 0\,\mathrm{s}} \frac{x(t+\delta t) - x(t)}{\delta t} = \frac{\mathrm{d}x(t)}{\mathrm{d}t} \tag{1.27}$$
と定義される．

(もちろん，瞬間速度は瞬間ごとに変わる，つまり時刻 t の関数である．)

1.6.2 加 速 度

前節で見たように，速度 $v(t)$ は時刻 t によって変化する．変化する量に対しては，どのように変化するのかを知りたくなるのが人情であるが，単に速度変化だけを見てもその様子はわからない．これは速度を決めるときに，移動距離（=位置変化）だけを見ても仕方がないのと同様である．ここでも「その変化は長い時間かかってゆっくり引き起こされたのか，それとも短い時間で素早く変化したのか」を表すために，時間での割算が必要になるだろう．

このように考えて「速度変化の様子」を表す量として**加速度** $a\,[\mathrm{m/s^2}]$ を定義しよう．もちろん，加速度を考えるレベルにいる人ならば，（平均の加速度 $\bar{a}$ は飛ばして）最初から瞬間の加速度を考え
$$a(t) = \lim_{\delta t \to 0\,\mathrm{s}} \frac{v(t+\delta t) - v(t)}{\delta t} = \frac{\mathrm{d}v(t)}{\mathrm{d}t} = \frac{\mathrm{d}^2 x(t)}{\mathrm{d}t^2} \tag{1.28}$$
と定義する[†]．

一般的にはこの加速度 a も時間によって変化するが，まずは加速度 a が一定な場合から始める場合が多い．

練習問題 1.4

ある時刻 t での位置を表す関数 $x(t)$ が α, β を定数として
$$x(t) = \alpha t + \beta$$
と表されているとき，速度 $v(t)$ を求めよ．

練習問題 1.5

ある時刻 t での位置を表す関数 $x(t)$ が α, β, γ を定数として
$$x(t) = \frac{1}{2}\alpha t^2 + \beta t + \gamma$$
と表されているとき，速度 $v(t)$，加速度 $a(t)$ を求めよ．

練習問題 1.4 のような状況を**等速直線運動**と呼び，練習問題 1.5 のような状況を**等加速度直線運動**と呼ぶ．この件については 4 章でもう少し詳しく解説する．

[†] 加速度の単位 $[\mathrm{m/s^2}]$ は，$[\mathrm{m/s}]$ を $[\mathrm{s}]$ で割って（微分して）いるという意味である．

1.7 極大値・極小値

$y = x^3 - 3x$ のグラフについて考えてみよう。

まず，$y = x(x+\sqrt{3})(x-\sqrt{3}) = 0$ を解いて，x 軸との交点を求める。次に $dy/dx = 3x^2 - 3$ を使って，傾き（微分係数）が 0 になる点を求める。これらの結果をまとめたのが **表 1.1** である。

表 1.1 $y = x^3 - 3x$ の増減表

x		$-\sqrt{3}$		-1		0		1		$\sqrt{3}$	
y		0		2		0		-2		0	
dy/dx			$+$	0	$-$		$-$	0	$+$		
増減			↗		→		↘		→		↗

$y = x^3 - 3x$ に対し，y と dy/dx の値とグラフの概形を示した表。
微分係数の正負がグラフの概形を決めている。

この表の3行目と4行目の対応は重要である。そもそも微分の定義（式 (1.4)）は関数の傾きから決まっていたのだから，微分係数の正負は「グラフが右上がりなのか，右下がりなのか」を決定するわけである。$y = x^3 - 3x$ のグラフを描いた**図 1.3** と見比べれば，増減表の意味はいっそうはっきりするだろう。

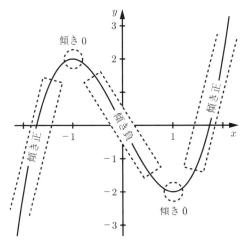

図 1.3 グラフの概形と傾き
グラフの左側では「x が大きくなるほど y も大きくなる」，つまり傾きが正である。
中央部では傾きが負，右側では傾きが再び正になるが，二つの頂点では傾き 0 となっている。
「傾き 0」とは「x が大きくなっても小さくなっても，y は変化しない」ことを表していて，グラフの頂点は，まさにこの性質を持っていなければならない。

グラフの概形と微分係数

関数 $y = f(x)$ のグラフは，$df/dx > 0$ の範囲では右上がり，$df/dx < 0$ の範囲では右下がりになる。
（ただし，$df/dx = 0$ の点が頂点とは限らない。）

1. 微分

練習問題 1.6

次の関数の増減表を書き，グラフの概形を描け。

(1) $y = -x^2 + 4x + 2$ (2) $y = x^4 - 8x^2 + 12$ (3) $y = x^3$

グラフの頂点の値，すなわち，「その近傍での最大値」や「その近傍での最小値」を**極大値**，**極小値**と呼び，両方を合わせて**極値**と呼ぶ（関数全域での最大値や最小値になるとは限らない）。

関数 $f(x)$ が $x = x_0$ で極値をとるためには，「その微分係数が 0 になる」必要があるが，それだけでは駄目で「その微分係数の正負が x_0 の前後で反転する」必要がある[†]。

微分係数と関数の極値

連続関数 $f(x)$ に対して

$$\left.\frac{\mathrm{d}f(x)}{\mathrm{d}x}\right|_{x=x_0} = 0 \quad \text{かつ} \quad \left.\frac{\mathrm{d}^2 f(x)}{\mathrm{d}x^2}\right|_{x=x_0} \neq 0$$

のとき，$f(x_0)$ は極値になる。$\left.\mathrm{d}^2 f/\mathrm{d}x^2\right|_{x=x_0} < 0$ なら極大値，$\left.\mathrm{d}^2 f/\mathrm{d}x^2\right|_{x=x_0} > 0$ なら極小値である。
（$\left.\mathrm{d}^2 f/\mathrm{d}x^2\right|_{x=x_0} = 0$ の場合はさらなる解析を必要とする。）

これ以上は少し小うるさい話になってゆくので省略して，現物合わせ的だが明快な方法に，一気に跳んでしまおう。

微分係数と関数の最大値・最小値

$a \leqq x \leqq b$ で定義された連続関数 $f(x)$ の最大値や最小値を求めたいなら

$$\left.\frac{\mathrm{d}f(x)}{\mathrm{d}x}\right|_{x=x_n} = 0$$

を満たす $x_1, x_2, \ldots, x_N$（N 個あるとした）に対する $f(x_n)$ すべて，さらに両端の点 $f(a)$, $f(b)$ の値を計算し，最も大きい値が最大値，最も小さい値が最小値とすればよい。

[†] 現に，練習問題 1.6 の (3) では，$x = 0$ で微分係数が 0 になるが極値ではない。

1.7 極大値・極小値

現実の物理量の最大値や最小値を考えたい場合には，変数の領域に制限があるのが普通だし（質量やエネルギーなどは正の値だろうし，なんらかの意味で上限が設定してある場合も多い），二階微分係数を計算して，「極値であるか」を判断する手間をかけるより，「最大値や最小値に成り得る候補をすべて調べる」ほうが有効である（図 1.4）。

（x に制限がない場合は，便宜的に $a = -\infty$，$b = +\infty$ としておけばよい。）

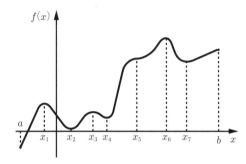

図 1.4　最大値，最小値の候補
$a \leq x \leq b$ で定義された関数 $f(x)$ に対して $df/dx = 0$ となる x を探し，$x_1, x_2, \ldots, x_7$ とする。中には x_5 のように，極値ですらない点も含まれているかもしれないが，気にせずに $f(a), f(x_1), f(x_2), \ldots, f(x_7), f(b)$ を調べ，一番大きい値が最大値，一番小さい値が最小値とすれば，それでよい。

最大値を求める，実用的な問題を一つ見てみよう。

例題 1.3

適当な抵抗値 R〔Ω〕を持つ電熱線に電圧 V〔V〕をかけた場合，流れる電流 I〔A〕はオームの法則により，$I = V/R$ であり，電力 P〔W〕は $P = IV = V^2/R$ であると知られている。

図 1.5 のように，電圧 V_0〔V〕だが，内部抵抗 r〔Ω〕を持つ電池を使って電熱線で発熱させる場合，R が大き過ぎると電流が流れず電力は小さい，かといって，R が小さ過ぎると r にかかる電圧が増え，発熱の大部分が（R ではなく）r で起こってしまう，という問題が起きる。

電池性能である V_0，r がすでに決まっている場合，電熱線での発熱を最も大きくするには R をいくらにすればよいか？

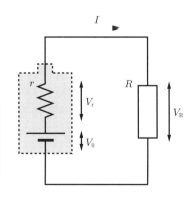

図 1.5　内部抵抗のある電池での発熱
電熱線を流れる電流を大きくしたいなら R を小さくしなければならない。一方，電熱線にかかる電圧を大きくしたい（$V_R = V_0 - V_r$ をなるべく V_0 に近付けたい）なら R を大きくしなければならない。
電熱線での電力 $P_R = IV_R$ を大きくするには R を「ちょうどよい」値にしなければならないだろう。

解答 $I = \dfrac{V_0}{R+r}$ より $V_\mathrm{R} = RI = \dfrac{RV_0}{R+r}$ となり，電熱線での電力 $P_\mathrm{R}\,[\mathrm{W}]$ は

$$P_\mathrm{R} = IV_\mathrm{R} = \frac{R}{(R+r)^2} V_0{}^2 \tag{1.29}$$

となる。

ここで，r, V_0 を一定のまま R を変化させて，(R の関数である) P_R の最大値を求めるには，式 (1.29) の微分が $0\,\mathrm{W/\Omega}$ になる点と定義域の端だけを調べればよい。分数関数の微分 (式 (1.20)) を使うと

$$\begin{aligned}
\frac{\mathrm{d}P_\mathrm{R}}{\mathrm{d}R} &= V_0{}^2 \cdot \left(\frac{\mathrm{d}}{\mathrm{d}R} \frac{R}{(R+r)^2} \right) \\
&= V_0{}^2 \cdot \frac{\dfrac{\mathrm{d}R}{\mathrm{d}R} \cdot (R+r)^2 - R \cdot \dfrac{\mathrm{d}(R+r)^2}{\mathrm{d}R}}{(R+r)^4} \\
&= V_0{}^2 \cdot \frac{(R+r)^2 - R \cdot 2(R+r)}{(R+r)^4} \\
&= V_0{}^2 \cdot \frac{-R^2 + r^2}{(R+r)^4} \\
&= -V_0{}^2 \cdot \frac{R-r}{(R+r)^3}
\end{aligned} \tag{1.30}$$

となるので，$\mathrm{d}P_\mathrm{R}/\mathrm{d}R = 0\,\mathrm{W/\Omega}$ となるのは $R = r$ のときとわかる。便宜的な両端，$R = 0\,\Omega$ と $R = \infty\,\Omega$ では，いずれも $P_\mathrm{R}(R) = 0\,\mathrm{W}$ で，$R = r$ では $P_\mathrm{R}(R) = V_0{}^2/4r$ であるから，これらを比較して，最大値，最小値を得る。

$R = r$ での $P_\mathrm{R} = V_0{}^2/4r$ が電力の最大値，$R = 0\,\Omega$ での $P_\mathrm{R} = 0\,\mathrm{W}$ が電力の最小値[†]。

(電源や信号源の内部抵抗に合わせて R を変えてやり，効果的に電力や出力信号 (電圧) を取り出すことを「(インピーダンス) マッチングさせる」という。)

1.8 三角関数の微分

1.8.1 基本の三角関数の微分

本節では，三角関数の微分を求めておこう。三角関数の微分は振動，周期現象の理解のために必須であり，実用性という面で最も重要な微分の一つである。

[†] $R \to \infty\,\Omega$ での $P_\mathrm{R} \to 0\,\mathrm{W}$ を「最小値」といういい方は数学ではしないが，物理の分野ではそのようないい方が許される場合もある。

あらかじめ，付録 A.2，特に加法定理と微小角に対する近似を用いて次の二つの近似式を求めておく[†]。

$$\begin{aligned}
\sin(x+\delta x) - \sin x &= (\sin x \cos \delta x + \cos x \sin \delta x) - \sin x \\
&\simeq \cancel{\sin x \cdot 1} + (\cos x)\delta x - \cancel{\sin x} \\
&= (\cos x)\delta x \\
\cos(x+\delta x) - \cos x &= (\cos x \cos \delta x - \sin x \sin \delta x) - \cos x \\
&\simeq \cancel{\cos x \cdot 1} - (\sin x)\delta x - \cancel{\cos x} \\
&= -(\sin x)\delta x
\end{aligned}$$

これらを使うと

$$\begin{aligned}
\frac{\mathrm{d}\sin x}{\mathrm{d}x} &= \lim_{\delta x \to 0} \frac{\sin(x+\delta x) - \sin x}{\delta x} \\
&= \lim_{\delta x \to 0} \frac{(\cos x)\delta x}{\delta x} \\
&= \cos x
\end{aligned}$$

$$\begin{aligned}
\frac{\mathrm{d}\cos x}{\mathrm{d}x} &= \lim_{\delta x \to 0} \frac{\cos(x+\delta x) - \cos x}{\delta x} \\
&= \lim_{\delta x \to 0} \frac{-(\sin x)\delta x}{\delta x} \\
&= -\sin x
\end{aligned}$$

となり，sin と cos は微分するとお互いが入れ替わる（ただし，cos の微分では負号がつく）関係であることがわかる。これは数学的興味を引くと同時に記憶しやすい特徴でもあるので，記憶術的な補足をしておくのは無益ではないだろう。

図 **1.6** のように，$0 < x < \pi/2$ の範囲で x が増加していく様子を考えると，$\sin x$ は増加していくが，$\cos x$ は減少していく。微分の正負は関数の増減を表しているのだから，この範囲で sin の微分は正であり，cos の微分は負でなくてはならない。したがって，sin の微分と cos の微分のどちらに負号がつくのかについては，迷わず cos の微分に負号をつければよい。

記憶術としては

- 微分により sin と cos は入れ替わること
- 第一象限の範囲での sin と cos の増減で符号が決定できること

の 2 点を押さえておけばよい。

[†] $\cos \delta x \simeq 1 - (1/2)\delta x^2$ だが，後で微分のために δx で割るだけなので，1 次までの近似（$\cos \delta x \simeq 1$）でよい。

24　1. 微分

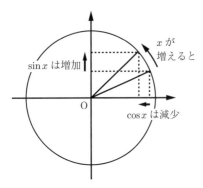

図 1.6 sin と cos の増減

$0 < x < \pi/2$ の範囲($\sin x$, $\cos x$ ともに正)では x の増加に伴って $\sin x$ は増加、$\cos x$ は減少する。

これがそれぞれの導関数の正負を表していることを思い出せば、sin と cos の微分を間違えることはないだろう。

三角関数の微分

$$\frac{d\sin x}{dx} = \cos x \tag{1.31a}$$

$$\frac{d\cos x}{dx} = -\sin x \tag{1.31b}$$

$$\frac{d\tan x}{dx} = \frac{1}{\cos^2 x} \tag{1.31c}$$

式 (1.31c) の証明は略す。

1.8.2　三角関数の二階微分

sin と cos の二階微分を求めておこう。式 (1.31a), (1.31b) を繰り返し使えば

$$\frac{d^2 \sin x}{dx^2} = \frac{d}{dx}\left(\frac{d\sin x}{dx}\right) = \frac{d}{dx}(\cos x) = -\sin x \tag{1.32}$$

$$\frac{d^2 \cos x}{dx^2} = \frac{d}{dx}\left(\frac{d\cos x}{dx}\right) = \frac{d}{dx}(-\sin x) = -\cos x \tag{1.33}$$

そのどちらもが、「二階微分すると元の関数の -1 倍になる」という特徴を持っている。これは **sin, cos** の非常に重要な特徴である。

三角関数と二階微分

$f(x) = A\sin x + B\cos x$ のとき

$$\frac{d^2 f(x)}{dx^2} = -f(x) \tag{1.34}$$

が成り立つ。

なお，tan に関しては

$$
\begin{aligned}
\frac{d^2 \tan x}{dx^2} &= \frac{d}{dx}\left(\frac{d \tan x}{dx}\right) \\
&= \frac{d}{dx}\left(\frac{1}{\cos^2 x}\right) \\
&= \frac{d(\cos x)^{-2}}{d(\cos x)} \cdot \frac{d \cos x}{dx} \\
&= -2(\cos x)^{-3} \cdot (-\sin x) \\
&= 2\frac{\sin x}{\cos^3 x} \\
&= 2\frac{\tan x}{\cos^2 x}
\end{aligned}
\tag{1.35}
$$

となるが，sin, cos に比べてそれほどの面白みはない。

⌈練習問題 1.7⌉

式 (1.34) を証明せよ。

1.8.3 実用的な形式

現実に起きる現象，特に微分が絡むような現象を考える場合，坂道などの角度 x の関数としての三角比を考えることはあまりない。

本当に重要かつ頻出するのは sin, cos が $-1 \sim 1$ を振動するという性質を利用し，（なんらかの意味で）振動する現象を表す場合である。すなわち，sin 関数は

$$\sin\left(2\pi \frac{t}{T}\right)$$

のような形で時刻 t の関数として現れることが多い。

ここでは，本当に使う関数，$A\sin(\omega t + \theta)$ と $A\cos(\omega t + \theta)$ の微分を求めておこう[†]。ただし，A, ω, θ は定数で，特に $\omega = 2\pi/T$ である。

⎡三角関数の微分 2⎤

$$
\frac{d}{dt}\Big(A\sin(\omega t + \theta)\Big) = \omega A \cos(\omega t + \theta) \tag{1.36a}
$$
$$
\frac{d}{dt}\Big(A\cos(\omega t + \theta)\Big) = -\omega A \sin(\omega t + \theta) \tag{1.36b}
$$

[†] このような形での tan は必要ない。

証明

$f(g) = \sin g$, $g(t) = \omega t + \theta$ と考え，合成関数の微分（式 (1.19) または式 (1.21)）を用いれば

$$\frac{\mathrm{d}}{\mathrm{d}t}\Big(A\sin(\omega t + \theta)\Big) = A \cdot \frac{\mathrm{d}\sin(\omega t + \theta)}{\mathrm{d}(\omega t + \theta)} \times \frac{\mathrm{d}(\omega t + \theta)}{\mathrm{d}t}$$
$$= A\cos(\omega t + \theta) \times \omega$$
$$= \omega A\cos(\omega t + \theta)$$

が得られる。$\cos(\omega t + \theta)$ の微分も同様。

三角関数の二階微分 2

$$\frac{\mathrm{d}^2}{\mathrm{d}t^2}\Big(A\sin(\omega t + \theta)\Big) = -\omega^2 A\sin(\omega t + \theta) \tag{1.37a}$$
$$\frac{\mathrm{d}^2}{\mathrm{d}t^2}\Big(A\cos(\omega t + \theta)\Big) = -\omega^2 A\cos(\omega t + \theta) \tag{1.37b}$$

証明

式 (1.36a), (1.36b) を繰り返し用いれば明らか。

波動現象では，時刻 t の関数ではなく位置 x の関数として sin, cos が用いられることもあるが，その場合も

$$A\sin\left(2\pi\frac{x}{\lambda} + \theta\right) = A\sin(kx + \theta)$$

の形であり，$\sin x$ や $\cos x$ がそのままの形で微分されることは少ない。

1.8.4 交流電気とリアクタンス

さっそく，式 (1.36a) を実用的に使ってみよう。最も重要な対象は交流電気回路だろう。

電気回路の基本となる素子は抵抗器，コンデンサ，コイルの三つである。このうち，抵抗器は最も単純な働きをし，交流回路でも直流回路の場合と同様にオームの法則

$$v_\mathrm{R}(t) = R \cdot i(t) \tag{1.38}$$

が成り立つ（$v_\mathrm{R}(t)$〔V〕は抵抗電圧の瞬間値，$i(t)$〔A〕は電流の瞬間値，R〔Ω〕は抵抗値）。

しかし，コンデンサやコイルの働きは抵抗器ほど簡単ではない。

まず，コンデンサは直流電流をまったく流さず，断線していると考えてよく，反対にコイルは直流に対して（理想的には）まったく抵抗のない導線と同じように考えてよい。しかし，それらはいずれも「充分な時間が経って安定してから」の話である。例えば，コンデンサにかける外部電圧が変動した直後には，その変動に合わせてコンデンサが充放電を行う。これは電荷が移動すること，すなわち電流が流れることを意味している。では，交流電圧（変動し続けている）をかけた場合にはどのような電流が流れるだろうか？

図 **1.7** のような理想的な回路を考えよう。電源の電圧，コンデンサにかかる電圧をそれぞれ $v_全(t)$ 〔V〕，$v_C(t)$ 〔V〕，電流を $i(t)$ 〔A〕，コンデンサに貯まっている電荷を $q(t)$ 〔C〕とする†。

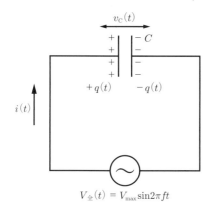

図 **1.7** コンデンサのみの回路
周波数 f，最大電圧 V_{max} の交流電圧をかけてやる。回路に当然存在するはずの抵抗値を省いた理想的な場合。

コンデンサのほかに抵抗などがないので

$$v_C(t) = v_全(t) = V_{max} \sin 2\pi f t = V_{max} \sin \omega t \tag{1.39}$$

がいえる（f〔Hz〕は周波数，ω〔rad/s〕は角周波数，初期位相は 0 rad とした）。

コンデンサの基本式

$$q(t) = C \cdot v_C(t) \tag{1.40}$$

（ただし，C〔F〕はコンデンサ容量と呼ばれる，コンデンサの性能を表す量）より，電荷を時刻 t の関数として求めると

$$q(t) = C \cdot V_{max} \sin \omega t$$

となる。また，電流の定義から（$q(t)$ が変化するのは電流によって電荷が運ばれてくるからであることを考えれば）

---

† 本書では，時刻 t の関数であることを強調するために明示的に (t) をつけているが，小文字で書くだけで瞬間値を表す場合も多いので注意。

$$i(t) = \frac{dq(t)}{dt} \tag{1.41}$$

であり，$\sin \omega t$ の時間微分を実行すると，結局

$$\begin{aligned} i(t) &= \omega C \cdot V_{\max} \cos \omega t \\ &= \omega C \cdot V_{\max} \sin\left(\omega t + \frac{\pi}{2}\right) \end{aligned} \tag{1.42}$$

が得られる。これより電流最大値が $I_{\max} = \omega C \cdot V_{\max}$ であることがわかるが，もっと重要なことは sin 関数の中身の違いである。

式 (1.42) を式 (1.39) と比較すると，**電圧が最大値をとっている瞬間には電流は最大値になっていない**（タイミングがズレている）ことに気付く。もっと正確な用語を使うと，**コンデンサでは電流の位相が電圧の位相より $\frac{\pi}{2}$ 進んでいる**ことがわかる（cos と sin のズレは $\frac{\pi}{2}$ つまり 90° であり，$\frac{1}{4}$ 回転分である）。

詳細を省くが，コイルの場合（**図 1.8**）では，コイルの基本式

$$v_L(t) = L \cdot \frac{di(t)}{dt}$$

（ただし，L [H]はインダクタンスと呼ばれる，コイルの性能を表す量）を時間積分して

$$\begin{aligned} i(t) &= \frac{1}{L} \int v_L(t) \, dt \\ &= -\frac{1}{\omega L} V_{\max} \cos \omega t \\ &= \frac{1}{\omega L} V_{\max} \sin\left(\omega t - \frac{\pi}{2}\right) \end{aligned} \tag{1.43}$$

が導出でき，電流の最大値が $I_{\max} = \dfrac{1}{(\omega L)} \cdot V_{\max}$ であることと，**コイルでは電流の位相が電圧の位相より $\frac{\pi}{2}$ 遅れている**ことがわかる（導出するときには誘導起電力をどちら向きにとるかに注意しなければならない）。

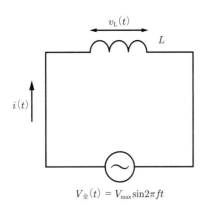

図 1.8 コイルのみの回路

現実のコイルは「細くて長い」金属線でできているので，抵抗値（リアクタンスではなく）が無視できない。このため，実際にはこのような理想的な回路は組めない。

> **リアクタンス**
>
> 周波数 f の正弦波交流に対して，コンデンサ C，コイル L はそれぞれ
>
> $$\chi_C = \frac{1}{\omega C} = \frac{1}{2\pi f C} \tag{1.44}$$
>
> $$\chi_L = \omega L = 2\pi f L \tag{1.45}$$
>
> のリアクタンスを持ち，最大値や実効値に対してはリアクタンスを抵抗値と見たオームの法則（$V_{\max} = \chi \cdot I_{\max}$ および $V_{実} = \chi \cdot I_{実}$）が成り立つが，電流と電圧の間に位相差ができるため，瞬間値に関しては簡単な比例式は成り立たない。
>
> $$\underline{v(t) = \chi \cdot i(t)}$$
>
> コンデンサでは電流の位相が電圧の位相より $\pi/2$ 進み，コイルでは電流の位相が電圧の位相より $\pi/2$ 遅れる。

章 末 問 題

【1.1】 次の関数を r で微分せよ。
(1) $S(r) = \pi r^2$ (2) $V(r) = \frac{4}{3}\pi r^3$

【1.2】
$$\frac{\mathrm{d}}{\mathrm{d}x}\left(\frac{1}{2}ax^2\right) = ax$$

において，係数 $1/2$ は，微分したときに降りてくる x の乗数 2 を打ち消す役割をしている。適当な物理の教科書を斜め読みし，$1/2 \triangle \bigcirc^2$ の形の式が多用されていることを確かめよ。

【1.3】 (1) 三角関数表（付録 A.5 の表 A.4）で $10°$ ごとの $\sin$ 関数の値を調べ，$-90° \leqq x \leqq 90°$ の範囲で $\sin(x + 10°) - \sin x$ の値を縦軸にしたグラフを描け。

(2) (1) でも概略は掴めるが，それよりも，$\bigl(\sin(x+10°) - \sin x\bigr)/0.1745$ としたほうが，より面白いグラフが描ける。このグラフの意味と，0.1745 で割る意味を考えよ。

（ヒント：角度の単位に〔°〕を使うのはダサい。）

【1.4】 質量 m 〔kg〕の物体が，重力 $F = -mg$〔N〕を受けながら落下し（g〔m/s²〕は重力加速度であり，上向きを正ととっているので負号がつく），運動エネルギー K〔J〕を増加させながら，位置エネルギー $U_重$〔J〕を失ってゆく様子を考えよう。

$$K = \frac{1}{2}mv^2, \qquad U_重 = mgx$$

ただし，速度は $v = dx/dt$〔m/s〕，力は $F = ma = m\left(d^2x/dt^2\right)$ と書ける。

$\dfrac{dK}{dt} = Fv = -\dfrac{dU_重}{dt}$ を証明し，$K + U_重 = $ 一定（エネルギー保存則）を証明せよ。

(ヒント:合成関数の微分（式 (1.19)）を使う。)

【1.5】 図 1.9 のように，陸上の点 A にいるライフセイバーが水中の点 B で溺れている人を救助に向かうことを考える。

　陸上での走行速度に比べて水中での水泳速度が遅くなるのは明らかなので，走る距離が多少長くても泳ぐ距離が短いコースを選んだほうが早く点 B に到着できる。いったい，最良の飛び込みポイント（点 P）はどこになるだろうか？以下の手順で考えよ。

(1) 図のように，与えられた L〔m〕，$d_陸$〔m〕，$d_水$〔m〕に対して，適当に点 P の位置 x〔m〕を選ぶとき，走行距離 $l_陸$〔m〕，水泳距離 $l_水$〔m〕を x の関数として求めよ。
(2) 走行速度を $v_陸$〔m/s〕，水泳速度を $v_水$〔m/s〕とするとき，走行時間と水泳時間を計算し，要救助者への到達時間 T〔s〕を x の関数として求めよ。
(3) dT/dx を計算し，T を最小にする x が満たすべき条件を $v_陸/v_水 = \sim$ の形で求めよ。
(4) 適当な書物で光の屈折の法則を調べ，(3) の結果と比較せよ。

このような「コース選び」の問題を発展させると「変分法」という分野に行き着くが，本問はまだ微分法の範囲で片付く。

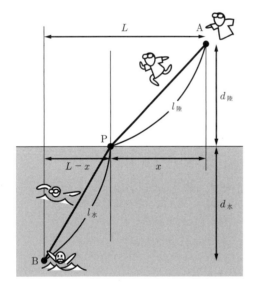

図 1.9　要救助者への最良コース？
陸路で多少損をしても水路で得をするコースを選ぶほうが，到達に要する時間が少なくて済む。したがって，ライフセイバーは溺れている人に向かって一直線に走って行くべきではない。
（じつは，最良の飛び込みポイントの条件は，点 P の位置 x で与えるよりも，角度で与えるほうがすっきりとした式になる。）

2 テイラー展開

2.1 一般の関数を整式で近似する

なにを目的にしているかによっても違うが,整式で表せる関数は,三角関数や指数関数,対数関数,その他の関数よりも簡単に思える。そこで,多少のズレには目をつぶることにして一般の関数を整式で近似する方法を考えてゆこう。

図 2.1 は $f(x) = \cos x$ (点線) を整式で近似してゆく様子である。0 次の整式,すなわち定数で近似してもあまり近似らしくもないので,整式としては 1 次関数, 2 次関数, ... を考

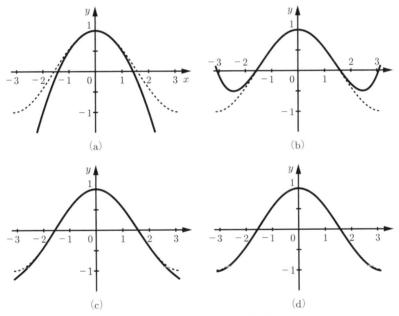

図 2.1 整式で $f(x) = \cos x$ を近似する

(a) $f_2(x) = 1 - (1/2) x^2$ との比較。
この程度の近似でも x が 0 に近い範囲では $f_2(x) \simeq f(x)$ といえる。
(b) $f_4(x) = 1 - (1/2) x^2 + (1/24) x^4$
(c) $f_6(x) = 1 - (1/2) x^2 + (1/24) x^4 - (1/720) x^6$
(d) $f_8(x) = 1 - (1/2) x^2 + (1/24) x^4 - (1/720) x^6 + (1/40\,320) x^8$
高次の項を加えることで,より $f(x)$ に近い関数となっていることがわかる。

えてゆくが，元々の $\cos x$ が偶関数（つねに $f(-x) = f(x)$ となる関数）であるため，奇数次の項 x^1, x^3, ... は必要ない。結局，候補としては 2 次関数 ($f_2(x)$)，4 次関数 ($f_4(x)$)，... を考えることにする。

$$\begin{aligned}
(\quad f_0(x) &= \frac{1}{0!}x^0 \quad) \\
f_2(x) &= \frac{1}{0!}x^0 - \frac{1}{2!}x^2 \\
f_4(x) &= \frac{1}{0!}x^0 - \frac{1}{2!}x^2 + \frac{1}{4!}x^4 \\
f_6(x) &= \frac{1}{0!}x^0 - \frac{1}{2!}x^2 + \frac{1}{4!}x^4 - \frac{1}{6!}x^6 \\
f_8(x) &= \frac{1}{0!}x^0 - \frac{1}{2!}x^2 + \frac{1}{4!}x^4 - \frac{1}{6!}x^6 + \frac{1}{8!}x^8 \\
&\vdots
\end{aligned}$$

これらの式がどのように導かれるか後述するとして，まずは図 2.1 のグラフを見て，$x \simeq 0$ の付近で $f_n(x) \simeq f(x)$ といえそうだということ，また，n を大きくするほど，より $f(x)$ に近い関数が得られていること（ただし，当然ながら式が複雑になる）などを確認しよう。

（なお，$(1/0!)\, x^0 = 1$ であるが，こちらの表現の方が規則的で美しく見える。）

このようにして一般の関数を整式で近似することが本章の目的である。

2.2 テイラー展開の係数決定法

ある関数 $f(x)$ と十分に似ている整式 $g(x)$ を考えよう。$g(x)$ は整式なので，一旦，

$$g(x) = a_0 + a_1 x + a_2 x^2 + a_3 x^3 + \cdots \tag{2.1}$$

と書いておく。

次は「似ている」という言葉に数学的な意味を与えて数列 $\{a_n\}$ を決定すればよいのだが，「似ている」という言葉は明確ではない。ここでは「似ている」の意味を，「**$x = 0$ の点で $f(x)$ と $g(x)$ は，その値も，微分係数も，二階微分係数も三階微分係数も，... すべて等しい**」とする。

あまり，「似ている」という言葉に合わないように感じるかもしれないが，図 2.1 で見たように，この方法はかなりうまくゆく。

なぜなら，このように決めれば，$g(0) = f(0)$ はもちろん，少し離れた点でも（微分係数，すなわち変化率が等しいのだから）$g(0 + \delta x) \simeq f(0 + \delta x)$ が期待できる。さらに，（二階の微分係数，すなわち微分係数の変化率が等しいのだから）$\mathrm{d}g/\mathrm{d}x|_{x=\delta x} \simeq \mathrm{d}f/\mathrm{d}x|_{x=\delta x}$ も期

待でき，その結果 $g(0+\delta x+\delta x) \simeq f(0+\delta x+\delta x)$ も期待でき，... と次々に $g(x) \simeq f(x)$ となってゆくことが期待できるからだ．

では，具体的にすべての微分係数を等しくするための処方を見てゆこう．

まずは，$g(0) = a_0$ を使えば，a_0 が決定できる．

$$a_0 = a_0 + a_1 \cdot 0 + a_2 \cdot 0^2 + \cdots = g(0) = f(0) \tag{2.2}$$

次に，式 (2.1) に x^n の微分（式 (1.9)）を連続して使うと

$$\frac{\mathrm{d}g(x)}{\mathrm{d}x} = 0 + a_1 + 2a_2 x + 3a_3 x^2 + 4a_4 x^3 + \cdots$$

$$\frac{\mathrm{d}^2 g(x)}{\mathrm{d}x^2} = 0 + 2a_2 + 3 \cdot 2a_3 x + 4 \cdot 3a_4 x^2 + \cdots$$

$$\vdots$$

が簡単に得られる．各段階の微分式に $x=0$ を代入すると

$$\left.\frac{\mathrm{d}g(x)}{\mathrm{d}x}\right|_{x=0} = 0 + a_1 + 2a_2 \cdot 0 + 3a_3 \cdot 0^2 + 4a_4 \cdot 0^3 + \cdots = a_1$$

$$\left.\frac{\mathrm{d}^2 g(x)}{\mathrm{d}x^2}\right|_{x=0} = 0 + 2a_2 + 3 \cdot 2a_3 \cdot 0 + 4 \cdot 3a_4 \cdot 0^2 + \cdots = 2a_2$$

$$\vdots$$

$$\left.\frac{\mathrm{d}^n g(x)}{\mathrm{d}x^n}\right|_{x=0} = 0 + 0 + \cdots + 0 + n! \, a_n + \frac{(n+1)!}{1} a_{n+1} \cdot 0 + \cdots = n! \, a_n$$

が得られる[†]．

ともあれ，これで a_n は裸にされて

$$a_n = \frac{1}{n!} \cdot \left.\frac{\mathrm{d}^n g(x)}{\mathrm{d}x^n}\right|_{x=0} = \frac{1}{n!} \cdot \left.\frac{\mathrm{d}^n f(x)}{\mathrm{d}x^n}\right|_{x=0} \tag{2.3}$$

が得られた．

$x = 0$ のまわりのテイラー展開

一般に関数 $f(x)$ を整式で近似し

$$g(x) = a_0 + a_1 x + a_2 x^2 + a_3 x^3 + \cdots$$

[†] いってみれば，微分によって低次の項を一つひとつ削り取っておき，最後に $x=0$ を代入することで，(x^n が生き残っている）高次の項を一気にそぎ落とすというわけだ（「殺してゆく」という刺激的な表現をすることもある）．

とするとき,各項の係数 a_n は $a_n = \dfrac{1}{n!} \cdot \left.\dfrac{\mathrm{d}^n f(x)}{\mathrm{d}x^n}\right|_{x=0}$ である。

すなわち

$$g(x) = f(0) + \left(\left.\frac{\mathrm{d}f(x)}{\mathrm{d}x}\right|_{x=0}\right)x + \frac{1}{2!}\left(\left.\frac{\mathrm{d}^2 f(x)}{\mathrm{d}x^2}\right|_{x=0}\right)x^2 + \cdots$$
$$= f(0) + \sum_{n=1}^{\infty} \frac{1}{n!}\left(\left.\frac{\mathrm{d}^n f(x)}{\mathrm{d}x^n}\right|_{x=0}\right)x^n \tag{2.4}$$

である[†1]。

もちろん,$x=0$ だけを特別視する必要はない。$f(x)=1/x$ 等,$x=0$ ではその値も,微分係数も一定値にならないような場合もあるが,そのときは別の点 x_0 の近辺でテイラー展開すればよい。「$x=x_0$ の点で $f(x)$ と $g(x)$ はその値,微分係数,二階微分係数,… 等がすべて等しい」と要請すれば次の展開も可能になる。

$x = x_0$ のまわりのテイラー展開

$x = x_0$ の近辺で $f(x)$ の性質がマトモであるとき

$$g(x) = f(x_0) + \sum_{n=1}^{\infty} \frac{1}{n!} \left.\frac{\mathrm{d}^n f(x)}{\mathrm{d}x^n}\right|_{x=x_0} (x-x_0)^n \tag{2.5}$$

である[†2]。

「x^n あるいは $(x-x_0)^n$ といった,x の高次項があるため,$|x|>1$ や $|x-x_0|>1$ でも本当に収束するか」や,「$x=0$ や $x=x_0$ の点の情報だけで,その先の関数形が決まるのか」といった不安はあろうが,ここでは数学的に正しい議論は行わない(厳密だが本筋を追い難い)。

特に近似の意味では,そもそも $|x|$(または $|x-x_0|$)は十分に小さいとなっているのが普通なので,高次項を計算する必要はあまりなく,1次までの項

$$f(x) \simeq a_0 + a_1 x = f(0) + \left(\left.\frac{\mathrm{d}f(x)}{\mathrm{d}x}\right|_{x=0}\right) \cdot x$$

で止めておくか,せいぜい2次までの項を使う程度である[†3]。

[†1] より規則的に表現できるように,$\mathrm{d}^0 f/\mathrm{d}x^0 = f(x)$ と定義してやれば,$f(0) = (1/0!) \cdot \left.\mathrm{d}^0 f/\mathrm{d}x^0\right|_{x=0}$ となって $f(0)$ も $\sum$ の中に入れられる。

[†2] 「一般的な x_0 のまわりでの展開」をテイラー展開,素朴な「0 のまわりでの展開」をマクローリン展開と呼び分ける場合もある。

[†3] 物理量として常識的な関数ならば,2次項までの近似でほとんど問題ない。

例題 2.1

次の関数をテイラー展開して，$x \simeq 0$ の近辺での近似式を与えよ。

$$f(x) = \frac{1}{1+x}$$

解答

$$g(x) = f(0) + a_1 x + a_2 x^2 + \cdots$$

として，各係数は

$$a_n = \frac{1}{n!} \cdot \left. \frac{\mathrm{d}^n f(x)}{\mathrm{d} x^n} \right|_{x=0} = \frac{1}{n!} \cdot \left. \frac{\mathrm{d}^n (1+x)^{-1}}{\mathrm{d} x^n} \right|_{x=0}$$

であり，合成関数の微分の方法により

$$\frac{\mathrm{d}(1+x)^{-1}}{\mathrm{d}x} = \frac{\mathrm{d}(1+x)^{-1}}{\mathrm{d}(1+x)} \cdot \frac{\mathrm{d}(1+x)}{\mathrm{d}x} = -(1+x)^{-2} \cdot 1$$

等と求まり

$$\begin{aligned} a_1 &= \frac{1}{1!} \cdot \left\{ -(1+x)^{-2} \right\}\big|_{x=0} = -1 \\ a_2 &= \frac{1}{2!} \cdot \left\{ 2(1+x)^{-3} \right\}\big|_{x=0} = 1 \\ &\vdots \\ a_n &= \frac{1}{n!} \cdot \left\{ (-1)^n n! (1+x)^{-n-1} \right\}\big|_{x=0} = (-1)^n \end{aligned}$$

となるので

$$g(x) = 1 - x + x^2 - x^3 + - \cdots \tag{2.6}$$

ただし，$f(x) \simeq g(x)$ とできるのは，$g(x)$ が収束する $|x| < 1$ の場合のみ。

明らかに，式 (2.6) は $|x| \geqq 1$ で発散してしまうが，目的は $x \simeq 0$ の付近での近似をすることなので問題ない[†]。近似の程度を評価するため，適当な次数までの近似計算結果を**表 2.1** にまとめた。

[†] 乱暴なことをいえば，そもそも $1/(1+x)$ を $x = 0$ のまわりで展開したのは，$1/1.01$ や $1/0.99$ を知りたいからであって，$1/2.01$ や $1/1.99$ を知りたいのなら $x = 1$ のまわりで展開すればよいのである。もっといえば，いっそ，$1/(2+x')$ を $x' = 0$ のまわりで展開すればよいのだ。

2. テイラー展開

表 2.1 $1/(1+x)$ の近似計算

x	$1-x$	$1-x+x^2$	$1/(1+x)$
-0.1	1.1	1.11	$1.111\,11\ldots$
-0.05	1.05	$1.052\,5$	$1.052\,63\ldots$
-0.04	1.04	$1.041\,6$	$1.041\,66\ldots$
-0.03	1.03	$1.030\,9$	$1.030\,92\ldots$
-0.02	1.02	$1.020\,4$	$1.020\,40\ldots$
-0.01	1.01	$1.010\,1$	$1.010\,10\ldots$
$+0.01$	0.99	$0.990\,1$	$0.990\,09\ldots$
$+0.02$	0.98	$0.980\,4$	$0.980\,39\ldots$
$+0.03$	0.97	$0.970\,9$	$0.970\,87\ldots$
$+0.04$	0.96	$0.961\,6$	$0.961\,53\ldots$
$+0.05$	0.95	$0.952\,5$	$0.952\,38\ldots$
$+0.1$	0.9	0.91	$0.909\,09\ldots$

$|x|$ が小さい範囲での 1 次近似と 2 次近似。$1/(1+x)$ をそのまま計算した値（右端）と比較すると，非常によい近似となっていることが確認できる。

練習問題 2.1

同様に
$$f(x) = \frac{1}{\sqrt{1+x}}$$
の $x \simeq 0$ の近辺での近似式を求めよ。

$(1+x)^r$ の 1 次近似

$|x| \ll 1$ のとき，（テイラー展開の 1 次の意味で）

$$(1+x)^r \simeq 1 + rx \tag{2.7}$$

と近似できる。

練習問題 2.2

式 (2.7) を証明せよ。

物理現象を取り扱う場合に，近似のセンスは非常に重要であり，特に式 (2.7) は応用計算では非常によく使われる近似なので，この機会によく納得しておきたい。

> 練習問題 2.3

$x = 0.1$ として，式 (2.7) の近似を $r = -2, 1/2, 2, 3$ などのいくつかの数値で確かめよ。 【電卓推奨】

2.3 三角関数のテイラー展開

> **例題 2.2**
>
> 式 (2.4) に従い，$\sin x$ をテイラー展開せよ。
>
> **解答**
>
> まずは，$\sin x$ を微分する。
>
> $$\frac{\mathrm{d}\sin x}{\mathrm{d}x} = \cos x$$
> $$\frac{\mathrm{d}^2 \sin x}{\mathrm{d}x^2} = \frac{\mathrm{d}}{\mathrm{d}x}(\cos x) = -\sin x$$
> $$\frac{\mathrm{d}^3 \sin x}{\mathrm{d}x^3} = \cdots = -\cos x$$
> $$\frac{\mathrm{d}^4 \sin x}{\mathrm{d}x^4} = \cdots = \sin x$$
> $$\vdots$$
>
> この後も，四階微分ごとに $\sin x$ に戻ることは明白であり，$\sin 0 = 0$, $\cos 0 = 1$ を代入すると
>
> $$\left.\frac{\mathrm{d}^n \sin x}{\mathrm{d}x^n}\right|_{x=0} = \begin{cases} 0 & : n = 4m \\ 1 & : n = 4m+1 \\ 0 & : n = 4m+2 \\ -1 & : n = 4m+3 \end{cases} \tag{2.8}$$
>
> を得る。ただし，n, m は 0 を含む自然数。これを式 (2.4) に代入して
>
> $$\sin x = \frac{1}{1!}x - \frac{1}{3!}x^3 + \frac{1}{5!}x^5 - + \cdots \tag{2.9}$$
>
> となる。

> 練習問題 2.4

同様に $\cos x$ をテイラー展開せよ。

2. テイラー展開

三角関数のテイラー展開

$$\sin x = x - \frac{1}{3!}x^3 + \frac{1}{5!}x^5 - \frac{1}{7!}x^7 + - \cdots \qquad (2.10a)$$

$$\cos x = 1 - \frac{1}{2!}x^2 + \frac{1}{4!}x^4 - \frac{1}{6!}x^6 + - \cdots \qquad (2.10b)$$

$$\tan x = x + \frac{1}{3}x^3 + \frac{2}{15}x^5 + \frac{17}{315}x^7 + \cdots \qquad (2.10c)$$

ただし，式 (2.10a), (2.10b) には x の範囲指定はないが（自然数の階乗による収束はかなり強烈である），式 (2.10c) は x が大きいと発散してしまう．

とはいえ，実際には $x \simeq 0$ ならば高次項は必要ないので，発散を気にするどころか1次近似で充分な場合が多い．

三角関数の1次近似

$|x| \ll 1$ のとき

$$\sin x \simeq x \qquad (2.11a)$$

$$\cos x \simeq 1 \qquad (2.11b)$$

$$\tan x \simeq x \qquad (2.11c)$$

と近似できる．

初見で式 (2.11) だけを見ると，「$\cos x$ が1でよいなら，$\sin x$ や $\tan x$ も0でもよいのでは？」といいたくなるが，式 (2.10) を見た後ならそのような疑問もわかないだろう．また，「2次近似をとった場合も，$\cos x$ を $1 - 1/2x^2$ と変更するだけで $\sin x$ と $\tan x$ は x のまま」な理由も理解できるだろう．

練習問題 2.5

例題 2.2，練習問題 2.4 の結果に適当な x を代入し，付録 A.5 の表 A.4 と比較することでその近似精度を確認せよ．　　　　　　　　　　　　　　　　　　　　　　【電卓推奨】

図 2.1 にも現れているとおり，高次項まで計算すれば**決して小さくない** x に対しても三角関数のテイラー展開の近似精度はかなり高い（4 次までの計算で $x = 1.5$ に対して 0.015 程度の違いにおさまっている）。

章末問題

【2.1】 $\sqrt{1+x}$ を $x=0$ のまわりでテイラー展開し

$$\sqrt{1+x} = a_0 + a_1 x + a_2 x^2 + a_3 x^3 + \cdots$$

とする。
(1) $a_0 \sim a_3$ を求めよ。
(2) $(a_0 + a_1 x)^2$ を求めよ。
(3) $(a_0 + a_1 x + a_2 x^2)^2$ を求めよ。
(4) $(a_0 + a_1 x + a_2 x^2 + a_3 x^3)^2$ を求めよ。
(5) (2)〜(4) の結果と $(\sqrt{1+x})^2 = 1+x$ を比べ，それぞれが，結局何次の近似になっているか述べよ。

【2.2】 図 2.2 のように，d [m] の間隔のある 2 点 S_1, S_2 から L [m] だけ離れた壁面上を点 P が動くとき，S_1, S_2 からの行路 l_1 [m], l_2 [m] の差を知りたい場合がある。
(1) $d, x \ll L$ の場合に，$\alpha = \{(d/2+x)/L\}^2 \ll 1$ に対して，(やや強引に) 式 (2.7) を使い，l_1 を近似せよ。同様に l_2 も近似し，行路差を求めよ。
(2) $d \ll L$ ではない場合には $\tilde{x} \ll 1$ ではないので，式 (2.7) は使えない。式 (2.4) に立ち戻って，l_1, l_2 を 1 次近似し，行路差を求めよ。

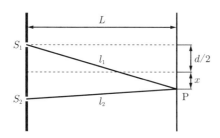

図 2.2　2 点からの行路の差

ヤングの実験として知られる光学実験では，二つのスリットを抜けた後の行路差によって光の干渉が生じる。通常，その行路差は $d, x \ll L$ の下での x の 1 次近似を使用する。

2. テイラー展開

【2.3】 前問の状況を，今度は三角関数の近似を用いて考えてみる。

図 2.3 のように，$d, x \ll L$ の場合には，二つの行路 $S_1 P$ と $S_2 P$ はほぼ平行と見なせる。

(1) 二つの行路を平行と見なし，S_1 からの射出角と S_2 からの射出角を同じ θ とするとき，θ, L, x の間の関係を書け（d の影響は近似により無視される）。

(2) (1) の結果を三角関数の 1 次近似を用いて書き直せ（$|\theta| \ll 1$）。

(3) 行路差は $l_1 - l_2 \simeq d \sin \theta$ と見なせる。ここでも三角関数の 1 次近似を使い，(2) の結果と合わせて θ を消去せよ。

(4) 前問の結果と (3) を比較せよ。

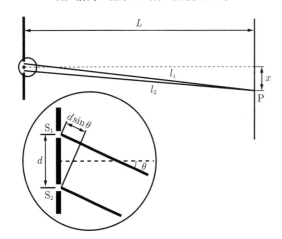

図 2.3 行路差その 2

図中の円内に示されるように，$d, x \ll L$ の場合には，二つの行路 $S_1 P$ と $S_2 P$ はほとんど平行と見なせる。この場合，行路差は $l_1 - l_2 \simeq d \sin \theta$ としてよい。

【2.4】 (1) テイラー展開により $\tan x$ の 3 次近似を求めよ（この結果はあまり美しくはない）。

(2) 3 次近似の範囲内で $\tan x = \sin x / \cos x$ が成り立っていることを確認せよ。

3 exp 関 数

3.1 指数関数 2^x の傾き

練習問題 3.1

下の表の 3 段目の空欄を埋めよ（**表 3.1** に直接書き込んでしまおう）。また，得られた結果の意味を考えよ。

表 3.1　$f(x) = 2^x$

x	-3	-2	-1	0	1	2	3	4
$f(x)$	1/8	1/4	1/2	1	2	4	8	16
$f(x+1) - f(x)$								

表 3.1 の 2 段目と 3 段目には同じ値が並ぶ。じつは，指数関数 $f(x) = 2^x$ は，x が $+1$ されるごとに $f(x)$ が 2 倍になる関数（$f(x+1) = 2 \times f(x)$）であり，必然的に

$$f(x+1) - f(x) = 2^{(x+1)} - 2^x = (2-1) \cdot 2^x = f(x)$$

となるのである。

さらに，この式の左辺をきわめて恣意的に解釈すると

$$f(x+1) - f(x) = \frac{f(x+1) - f(x)}{1} = \frac{f(x+d) - f(x)}{d}$$

となり（ただし $d = 1$），「x から $x+1$ の間での平均の傾き」を求めているといえる。つまり，この関数は「ある x での値が，つねに，そこから x を $+1$ する間の平均の傾きを与える」という「ちょっと**面白い性質**」を持っているのである（図 3.1）。

しかし，この面白い性質が見られるのは $d = 1$，つまり x と $x+1$ の間で平均をとっている場合だけである。仮に $d = 1/2$ とすると，この性質はたちまち色褪せ

$$\frac{f(x+1/2) - f(x)}{1/2} = \frac{\sqrt{2}-1}{1/2} \cdot 2^x = 2(\sqrt{2}-1) \cdot f(x)$$

と，面白さは大きく下がってしまう。

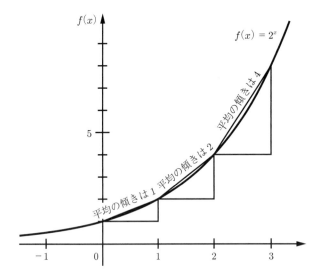

図 3.1 $f(x) = 2^x$ の傾き
x が大きくなるほど傾きが大きくなる。しかも「x と $x+1$ の間の平均の傾きをとると、傾きもちょうど 2^x になる」というちょっと面白い性質を持っている。

$2(\sqrt{2}-1) \simeq 0.83 < 1$ なので、どうやら、$d = 1/2$ にすると、傾きのほうが $f(x)$ より小さくなってしまうらしい。

$f(x) = 2^x$ より傾きの大きい、ちょうどよい関数を探してみることにしよう。

例題 3.1

$f(x) = a^x$ の形の関数に、「ある x での値が、つねに、そこから x を $+1/2$ する間の平均の傾きを与える」という性質を持たせたい。a（指数の底と呼ばれる）をいくらにすればよいか？

解答

$$\frac{f(x+1/2) - f(x)}{1/2} = f(x)$$

としたいので

$$f(x+1/2) = \frac{1}{2}f(x) + f(x) = \frac{3}{2}f(x)$$

となる。この式を 2 回に分けて適用すれば

$$\begin{aligned} f(x+1) &= f\big((x+1/2) + 1/2\big) \\ &= \frac{3}{2} f(x+1/2) \\ &= \frac{3}{2} \cdot \frac{3}{2} f(x) \end{aligned}$$

が得られる。

$f(x) = a^x$ の形ということなので[†1]

$$f(x) = \left(\frac{9}{4}\right)^x$$

となり，$a = 9/4 = 2.25$ と求まる．

練習問題 3.2

次の d に対して，$\dfrac{f(x+d) - f(x)}{d} = f(x)$ を満たす指数関数 $f(x) = a^x$ の底 a を求めよ．

(1) $d = 1/3$　　(2) $d = 1/4$　　(3) $d = -1/2$

3.2　$df/dx = f(x)$ の解

　むろん，例題 3.1 の関数にも練習問題 3.2 の関数にも，最初に期待したほどの「面白さ」はない．われわれは $d = 1$ や $d = 1/2$ には，大した意味がないと気付いてしまったからだ．

　d に誰もが納得するような理由付けが欲しいなら，$d = 0$ というのはどうだろうか．これならば確かに万人が納得するような特別な数である．こうした場合，x と $x+d$ は等しくなり，「2 点間の平均の傾き」ではなく「ある 1 点での傾き」と $f(x)$ の値を比べることになる．つまり，$d \to 0$ として，「ある点での微分」を考え

$$\frac{df(x)}{dx} = \lim_{d \to 0} \frac{f(x+d) - f(x)}{d} = f(x)$$

となる $f(x)$ を $f(x) = e^x$ の形で求めてやれば，今度こそ，$f(x)$ は「素晴らしく面白い」性質を持っているといってよかろう．

　だがしかし，e をいくつにすればよいのであろうか？

　$d = 1$ に対しては 2 を底とする指数関数 $f(x) = 2^x$ が，$d = 1/2$ に対しては 2.25 を底とする指数関数 $f(x) = (2.25)^x$ が得られたことより，$d \to 0$ に対する指数関数 $f(x) = e^x$ の底 e は「2.25 より大きな数」であると予想できる．また，練習問題 3.2 で $d = -1/2$ に対応するのが，4 を底とする $f(x) = 4^x$ であったので，e は「4 よりも小さな数」であることも合わせて

$$2.25 < e < 4$$

と予測しておこう[†2]．

[†1] $f(x) = a^x$ の形に拘らなければ，$f(x) = 2 \cdot (9/4)^x$ や，もっとタチの悪いところで，$f(x) = (9/4)^x \cdot \sin(4\pi x)$ といった関数が無数に存在する．

[†2] このような論法には落とし穴が潜んでいる不安もあるが，予測くらいはしてもよい．

はてさて，われわれは $d \to 0$ に対応する指数関数の底 e を求めたいのだが，それには練習問題 3.2 の手順が役に立つ。$d = 1/3$, $d = 1/4$ の場合の自然な拡張として，自然数 N に対して $d = 1/N$ に対応する底を $e_{(N)}$ とすると

$$e_{(N)} = \left(1 + \frac{1}{N}\right)^N$$

となる。どうやら，われわれは

$$\begin{aligned}\frac{\mathrm{d}f(x)}{\mathrm{d}x} &= \lim_{d \to 0} \frac{f(x+d) - f(x)}{d} \\ &= \lim_{N \to \infty} \frac{f(x + 1/N) - f(x)}{1/N} \\ &= f(x)\end{aligned}$$

を満たす指数関数 $f(x) = \mathrm{e}^x$ の底として

$$\mathrm{e} = e_{(\infty)} = \lim_{N \to \infty} \left(1 + \frac{1}{N}\right)^N \tag{3.1}$$

を見つけたようである[†1]。これ以降は，立体で e と書いたらこの特別な定数を表すことにする（先ほどまでは斜体で e としていた）。

もちろん，「ある点での関数の値 $f(x)$ が，その点での傾き $\mathrm{d}f/\mathrm{d}x$ を与える」という「素晴しく面白い」性質を持った関数は $f(x) = \mathrm{e}^x$ だけではなく，これを適当な定数 A 倍した

$$f(x) = A\mathrm{e}^x$$

の形の関数はすべてこの性質を持っている。

この e は「ネイピア数」または「自然対数の底」[†2] と呼ばれていて，円周率 π，虚数単位 i と並んで，非常に重要な数学定数である。また，「指数関数といえば底は e に決まっている」ので，変数 x だけ書けば十分だとして，e^x を単に $\exp(x)$ と書くことも多い。

残念ながら（?）e は π 同様，無理数である（超越数でもある）ため，その正確な表現は e と書くしかない（$\mathrm{e} \simeq 2.718\,281\,828\,459\,014\dots$ と知られている）。

式 (3.1) に適当に大きい数字を代入して概算を試したいところであるが[†3]，この式の収束は思いの外遅く，$N = 100$ としても $e \simeq 2.704\,813\dots$ にしかならず，100 乗計算という苦労の割りに成果は少ない。

具体的な値を出すのはもう少し我慢して，e^x の性質を探っていくとしよう。

[†1] この論法では $1/N$ とは表せない微少量 d について問題が生じる。しかし，あまり微妙な問題には立ち入らないことにして，「充分に小さい d」は $1/N$ と置き換えて考えてしまおう。
[†2] ここでの話の進め方では，むしろ「自然指数の底」と呼びたくなるが…。
[†3] もちろんわれわれは「極限値が存在せず，e が定まらない」などということは心配しない。

3.3　$f(x) = \mathrm{e}^x$ のテイラー展開

$f(x) = \mathrm{e}^x$ の微分は非常に簡単なので，テイラー展開を試みるのにも抵抗が少ないであろう．

定義により

$$\begin{aligned}
\frac{\mathrm{d}\mathrm{e}^x}{\mathrm{d}x} &= \mathrm{e}^x \\
\frac{\mathrm{d}^2\mathrm{e}^x}{\mathrm{d}x^2} &= \frac{\mathrm{d}}{\mathrm{d}x}\left(\frac{\mathrm{d}\mathrm{e}^x}{\mathrm{d}x}\right) = \frac{\mathrm{d}}{\mathrm{d}x}(\mathrm{e}^x) = \mathrm{e}^x \\
\frac{\mathrm{d}^3\mathrm{e}^x}{\mathrm{d}x^3} &= \quad \cdots \quad = \mathrm{e}^x \\
&\vdots
\end{aligned}$$

であり，また，当然 $\mathrm{e}^0 = 1$ であるから，すべての n に対して

$$\left.\frac{\mathrm{d}^n\mathrm{e}^x}{\mathrm{d}x^n}\right|_{x=0} = 1$$

となる．したがって，テイラー展開（式 (2.4)）の各項は非常に単純な形で済む．結局，e^x のテイラー展開形は

$$\mathrm{e}^x = 1 + \frac{1}{1!}x + \frac{1}{2!}x^2 + \frac{1}{3!}x^3 + \frac{1}{4!}x^4 + \frac{1}{5!}x^5 + \cdots \tag{3.2}$$

となる．

この形でも当然

$$\begin{aligned}
\frac{\mathrm{d}\mathrm{e}^x}{\mathrm{d}x} &= \frac{\mathrm{d}}{\mathrm{d}x}\left(1 + \frac{1}{1!}x + \frac{1}{2!}x^2 + \frac{1}{3!}x^3 + \frac{1}{4!}x^4 + \frac{1}{5!}x^5 + \cdots\right) \\
&= \quad 0 + \frac{1}{1!} + \frac{2x}{2!} + \frac{3x^2}{3!} + \frac{4x^3}{4!} + \frac{5x^4}{5!} + \cdots \\
&= \quad 1 + \frac{1}{1!}x + \frac{1}{2!}x^2 + \frac{1}{3!}x^3 + \frac{1}{4!}x^4 + \cdots \\
&= \mathrm{e}^x
\end{aligned} \tag{3.3}$$

が導かれる．

また，当然ながら，$x = 1$ とすれば定数 e が求まる．

$$\mathrm{e} = 1 + \frac{1}{1!} + \frac{1}{2!} + \frac{1}{3!} + \frac{1}{4!} + \cdots \tag{3.4}$$

この形で概算を試すと，その収束が非常に早いことに驚かされる．

練習問題 3.3

次の計算をし，e の概算をせよ。　　　　　　　　　　　　　　　　　　　　　　【電卓推奨】

(1) $1 + \dfrac{1}{1!} + \dfrac{1}{2!} + \dfrac{1}{3!}$

(2) $1 + \dfrac{1}{1!} + \dfrac{1}{2!} + \dfrac{1}{3!} + \dfrac{1}{4!}$

(3) $1 + \dfrac{1}{1!} + \dfrac{1}{2!} + \dfrac{1}{3!} + \dfrac{1}{4!} + \dfrac{1}{5!}$

ところで，e^x のテイラー展開形，式 (3.2) と $\sin x$, $\cos x$ のテイラー展開形（式 (2.10a, b)）の間にはある種の共通点があることに気付いただろうか？この類似点は後に重要な意味を持ってくるので，ここで指数関数と三角関数の類似性を強調しておく。

e^x と $\sin x$, $\cos x$ は似ている。

3.4　指数関数の微分

e の定義式 (3.1) を求めるまでの過程で明らかなように，指数関数の微分は次のような面白い性質を持っている。

指数関数の微分

$$\frac{de^x}{dx} = e^x \tag{3.5}$$

なお，実用的には，次の形が重要である。

指数関数の微分 2

$$\frac{dAe^{-at}}{dt} = -aAe^{-at} \tag{3.6}$$

ここで e^{at} とせず e^{-at} としたのは，「十分な時間の後に無限大に増加してゆく関数」より「十分な時間の後に一定値 0 に近付いてゆく関数」のほうが実用的だからである。証明は合成関数の微分（式 (1.21)）より明らかなので略す。

注意：指数関数の微分 $\mathrm{d}\mathrm{e}^{ax}/\mathrm{d}x = a\mathrm{e}^{ax}$ と，整式の微分 $\mathrm{d}x^n/\mathrm{d}x = nx^{n-1}$ をごっちゃにして，$\mathrm{d}\mathrm{e}^{ax}/\mathrm{d}x = a\mathrm{e}^{ax-1}$ などと間違える人がいる。$\mathrm{d}f/\mathrm{d}x$ の記号は「x で微分する」ことを表しているのだから，その x が $f(x)$ の式にどのように使われているかをよく見比べて区別しなくてはならない[†1]。

ところで，e 以外の数を底とした指数関数，例えば $f(x) = (1/2)^x$ の微分を知りたい場合もある[†2]。一般の c に対して，もしも $c = \mathrm{e}^a$ となる a が見つかったなら[†3]，指数法則，$(b^n)^m = b^{nm}$ を利用して

$$\frac{\mathrm{d}c^x}{\mathrm{d}x} = \frac{\mathrm{d}}{\mathrm{d}x}(\mathrm{e}^a)^x = \frac{\mathrm{d}}{\mathrm{d}x}\mathrm{e}^{ax} = a\mathrm{e}^{ax} = ac^x \tag{3.7}$$

とできる。

c から a を求める関数は自然対数と呼ばれ，$\log_\mathrm{e} c$ と表記される。

一般の指数関数の微分

$$\frac{\mathrm{d}}{\mathrm{d}x}(c^x) = (\log_\mathrm{e} c)\, c^x \tag{3.8}$$

ただし，c は正数。

一般の指数関数の微分 2

$$\frac{\mathrm{d}}{\mathrm{d}x}(Ac^{-ax}) = -a(\log_\mathrm{e} c)\, Ac^{-ax} \tag{3.9}$$

ただし，c は正数。

[†1] 「a が肩から降りてきて〜」，「n が肩から降りてきて〜」と結果だけを言葉で認識すると似た操作に誤解するのだろう。自分で導いてみればまったくの別物とわかるだろうに…。

[†2] 底を（2 や 3 ではなく）1/2 にするのは唐突な感があるかもしれない。$f(t) = A(1/2)^{t/T}$ は「一定時間 T〔s〕ごとに値が半分になる関数」であり，放射性元素の崩壊等に絡んで時折見られる形である。(T を半減期と呼ぶ理由は明白だろう。)

[†3] 例えば，電卓で $2.71828 \times 2.71828 \times \cdots$ や，$\sqrt{2.71828} \times 2.71828 \times \cdots$ としてゆくだけで $c = 20$ や $c = 90$ に対する a なら（かなり近い値が）見つかる。

3.5 双曲線関数

> **例題 3.2**
> $$\begin{cases} f(x) &= \dfrac{e^x + e^{-x}}{2} \\ g(x) &= \dfrac{e^x - e^{-x}}{2} \end{cases} \quad \text{とするとき}$$
> それぞれの微分 df/dx, dg/dx を求めよ。
>
> **解答**
> $$\begin{aligned} \frac{df(x)}{dx} &= \frac{d}{dx}\left(\frac{e^x + e^{-x}}{2}\right) \\ &= \frac{e^x - e^{-x}}{2} \\ &= g(x) \end{aligned}$$
>
> また,同様に
> $$\frac{dg(x)}{dx} = f(x)$$
> となる。

例題 3.2 の関数 $f(x)$ と $g(x)$ の持つ,「微分すると入れ替わる」性質は三角関数の微分

$$\begin{cases} \dfrac{d\sin x}{dx} &= \cos x \\ \dfrac{d\cos x}{dx} &= -\sin x \end{cases}$$

によく似ている(ただし,負号が出てくるか否かは異なる)。指数関数と三角関数の類似性はこれにとどまらない。三角関数の基本式といってもよい恒等式

$$\cos^2 x + \sin^2 x = 1$$

にも対応する式がある。

練習問題 3.4

例題 3.2 の $f(x)$ と $g(x)$ に対して
$$\bigl(f(x)\bigr)^2 - \bigl(g(x)\bigr)^2 = 1$$
がつねに成り立つことを示せ。

3.5 双曲線関数

このように三角関数によく似た特殊な性質を持つ $f(x)$, $g(x)$ には，当然，名前がついており，それぞれ $\cosh x$（ハイパーボリックコサイン），$\sinh x$（ハイパーボリックサイン）と呼ばれ，まとめて双曲線関数と呼ばれている（図 3.2）。

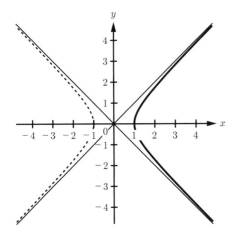

図 3.2 双曲線関数の名の由来
$x = \cosh\theta$, $y = \sinh\theta$ として，$-\infty < \theta < \infty$ の間で θ を動かしてプロットすると，$x^2 - y^2 = 1$ 曲線（双曲線）のうち，$x > 0$ の側が現れる（点線側は現れない）。
この曲線は $y = 1/2x$ を $-45°$ 回転させたものでもある。

双曲線関数の定義

$$\begin{cases} \cosh x = \dfrac{e^x + e^{-x}}{2} & (3.10\text{a}) \\ \sinh x = \dfrac{e^x - e^{-x}}{2} & (3.10\text{b}) \end{cases}$$

双曲線関数の微分

$$\begin{cases} \dfrac{\mathrm{d}\sinh x}{\mathrm{d}x} = \cosh x & (3.11\text{a}) \\ \dfrac{\mathrm{d}\cosh x}{\mathrm{d}x} = \sinh x & (3.11\text{b}) \end{cases}$$

双曲線関数の 2 乗差

$$\cosh^2 x - \sinh^2 x = 1 \tag{3.12}$$

双曲線関数には非常に面白い性質が多々あるが，ここでは $\cosh$ と $\sinh$ の紹介程度に留めておく。

章 末 問 題

【3.1】 (1) e^{-x} のテイラー展開を行え。
(2) 練習問題 3.3 と同様の方法で e^{-1} の概算をせよ。また,その結果と $1/e \simeq 1/2.71828$ を比較せよ。

【3.2】 (1) 表 3.2 を用いて $\bigl(\exp(x+0.1) - \exp(x)\bigr)/0.1$ の値を縦軸にしたグラフを描け。
(2) そのグラフの意味と,0.1 で割る意味を考えよ。
(3) 0.1 ではまだ,不満のある結果になる。適当な計算ソフトや関数表を使い,0.01 の場合や 0.001 の場合を確かめてみよ。

表 3.2 指数関数表

x	0.0	0.1	0.2	0.3	0.4	0.5	0.6	0.7	0.8	0.9
$\exp(x)$	1.000	1.105	1.221	1.350	1.492	1.649	1.822	2.014	2.226	2.460
x	1.0	1.1	1.2	1.3	1.4	1.5	1.6	1.7	1.8	1.9
$\exp(x)$	2.718	3.004	3.320	3.669	4.055	4.482	4.953	5.474	6.050	6.686

【3.3】 下の値を見て特徴を述べ,そうなる理由を述べよ。

$$e^{0.1} \simeq 1.\mathbf{1}05\,170\,918 \qquad e^{0.2} \simeq 1.\mathbf{221}\,402\,758\,2$$
$$e^{0.01} \simeq 1.010\,\mathbf{050}\,167 \qquad e^{0.02} \simeq 1.020\,\mathbf{201}\,340\,0$$
$$e^{0.001} \simeq 1.001\,000\,\mathbf{500} \qquad e^{0.002} \simeq 1.002\,002\,\mathbf{001}\,3$$
$$e^{0.0001} \simeq 1.000\,100\,005 \qquad e^{0.0002} \simeq 1.000\,200\,020\,0$$

【3.4】 次の式を計算し,三角関数の加法定理と比較せよ(指数関数と三角関数の類似性)。
(1) $\sinh x \cdot \cosh y + \cosh x \cdot \sinh y$
(2) $\cosh x \cdot \cosh y + \sinh x \cdot \sinh y$

4 | 積分の基礎と意義

1章の最初に述べたように,積分とは「一般化された掛算」である。本章では,「一般化された割算」である微分の逆変換という見方から始めて,物理現象への応用を通して積分の意義を見てゆこう。

4.1 積 分 の 定 義

4.1.1 不定積分と積分定数

これまで,われわれは,既知の関数 $F(x)$ の微分を考えてきた。つまり

$$\frac{\mathrm{d}F(x)}{\mathrm{d}x} = f(x)$$

の $F(x)$ を知っていて,$f(x)$ を求めるという基本態度をとってきた。

逆に,$f(x)$ が既知のときに $F(x)$ を求める行為を**積分**と呼び

$$F(x) = \int f(x) \ \mathrm{d}x$$

と書く。

ただし,一般に積分は計算して出せる物ではない。積分には非常に多彩なパズル的テクニックがあるが,基本的には「微分公式をいくつか憶えているので,たまたま $F(x)$ を知っている」場合にのみ積分計算ができる,と思ってよい。

例題 4.1

$$\int 2x \ \mathrm{d}x \qquad \text{を求めよ。}$$

解答

われわれは,x^n の微分公式 (1.9) で $n=2$ の場合

$$\frac{\mathrm{d}x^2}{\mathrm{d}x} = 2x$$

であることを（たまたま）知っているので，答え（のうちの一つ）は

$$\int 2x \ \mathrm{d}x = x^2$$

とわかる。

解答中の「答え（のうちの一つ）」という表現は思わせぶりである。このいい回しは，ほかにも答えが存在することを示唆しているし，例題 4.1 の解答では「微分すると $2x$ になる関数は x^2 だけである」とはいっていない[†1]。

実際，「微分すると $2x$ になる関数」は x^2 だけではなく，x^2+1 や $x^2-2.5$，$x^2+\sqrt{2}$ など無数に存在する。一般に

$$\frac{\mathrm{d}F(x)}{\mathrm{d}x} = f(x)$$

のとき，$F(x)$ に定数 (constant number) C を足した $F(x)+C$ もまた

$$\frac{\mathrm{d}F(x)+C}{\mathrm{d}x} = f(x)$$

を満たしているから，$f(x)$ の積分は

$$\int f(x) \ \mathrm{d}x = F(x) + C$$

と書かれ，定数 C は決定できない。この C を**積分定数**と呼ぶ。普通，一階の積分に対して一つの積分定数が現れ，「積分定数分の自由度がある」等と表現される。ここでは証明しないが，自由度は積分定数の分だけしかないので，「たまたま知っている」でもなんでも，答えのうちの一つを見つけたら，積分定数を足すことで「解のすべてを見つけた」としてよい[†2]。

このように求めた $F(x)+C$ を $f(x)$ の「原始関数」または**不定積分**と呼ぶ。「不定」の意味はもちろん，C が定まらないことを指している[†3]。

[†1] 普通，数学では（可能なら）「○○なら式が成り立つ」だけでなく「○○以外では式が成り立たない」ことにも言及するものだ。

[†2] 積分定数の自由を利用すると，例えば，次のような表現変更が可能になる。

$$x^2 + 2x + C = x^2 + 2x + 1 + (C-1) = (x+1)^2 + C'$$
$$\sin^2 x + C = (1 - \cos^2 x) + C = -\cos^2 x + (C+1) = -\cos^2 x + C'$$

[†3] 正確にいえば，ここで説明されたのは原始関数であって不定積分はもう少し違った概念である。しかし，それらを同一視できることこそが積分法の実計算における強みなので，本書ではその区別はしない。

いくつかの微分から簡単に求められる積分

$$\int x^r \, dx = \frac{1}{r+1} x^{r+1} + C \qquad \text{…整式の積分} \quad (4.1)$$

$$\int e^x \, dx = e^x + C \qquad \text{…指数関数の積分} \quad (4.2)$$

$$\int \cos x \, dx = \sin x + C \qquad (4.3)$$

$$\int \sin x \, dx = -\cos x + C \qquad \text{…三角関数の積分} \quad (4.4)$$

$$\int \frac{1}{\cos^2 x} \, dx = \tan x + C \qquad (4.5)$$

ただし，いずれも C は積分定数。また式 (4.1) では $r \neq -1$ に限る。

練習問題 4.1

式 (4.1)～(4.5) の右辺を微分し，各式の正当性を確認せよ。

積分の線形性

$f(x)$, $g(x)$ は積分可能な関数，A は定数としたとき

$$\int A f(x) \, dx = A \int f(x) \, dx + C \qquad (4.6)$$

$$\int f(x) + g(x) \, dx = \int f(x) \, dx + \int g(x) \, dx + C \qquad (4.7)$$

が成り立つ（ただし C は積分定数）。通常これらをまとめて

$$\int A f(x) + B g(x) \, dx = A \int f(x) \, dx + B \int g(x) \, dx + C \qquad (4.8)$$

と書く（ただし A, B は通常の定数で C は積分定数）。

証明

式 (4.6)，式 (4.7) の両辺を微分すれば明らか。

いくつかの微分から簡単に求められる積分 2

$a \neq 0$, $\omega \neq 0$ に対して

$$\int A\mathrm{e}^{-at} \, \mathrm{d}t = \frac{A}{-a}\mathrm{e}^{-at} + C \qquad \text{…指数関数の積分} \quad (4.9)$$

$$\left. \begin{array}{l} \displaystyle\int A\cos(\omega t + \theta) \, \mathrm{d}t = \frac{A}{\omega}\sin(\omega t + \theta) + C \qquad (4.10) \\[2mm] \displaystyle\int A\sin(\omega t + \theta) \, \mathrm{d}t = -\frac{A}{\omega}\cos(\omega t + \theta) + C \qquad (4.11) \end{array} \right\} \text{…三角関数の積分}$$

ただし、いずれも C は積分定数。

証明

式 (3.6), (1.36a), (1.36b) より明らか。

練習問題 4.2

次の不定積分を求めよ。ただし、α は定数。

(1) $\displaystyle\int x^2 \, \mathrm{d}x$ \qquad (2) $\displaystyle\int 2(x+1)^2 \, \mathrm{d}x$ \qquad (3) $\displaystyle\int \frac{1}{r^2} \, \mathrm{d}r$

(4) $\displaystyle\int \sin(x + \alpha) \, \mathrm{d}x$ \qquad (5) $\displaystyle\int \cos\alpha \sin x + \sin\alpha \cos x \, \mathrm{d}x$

4.1.2 定積分

$f(x)$ の不定積分の一つを $F_1(x)$ とするとき、$x = x_0$ での値 $F_1(x_0)$ を求めることにはほとんど意味がない。われわれが $F_1(x)$ を考えているとき、別の人は $F_2(x) = F_1(x) + C$ を考えているかもしれないからだ。

しかし、次のような計算は、積分定数の値に依らず一定の結果になるので意味がある。

$$\begin{aligned} F_2(b) - F_2(a) &= (F_1(b) + C) - (F_1(a) + C) \\ &= F_1(b) - F_1(a) \end{aligned}$$

これを**定積分**と呼び、次項で見るように、定積分の値は「$x = a, b$ の 2 点」だけではなく、「$a \leq x \leq b$ の全域にわたって」関数 $f(x)$ がどのような値であったかという意味を持つ量となる。

定積分

$f(x)$ の不定積分の一つを $F(x)$ とするとき

$$\int_a^b f(x)\ \mathrm{d}x = \Big[F(x)\Big]_a^b$$
$$= F(b) - F(a) \tag{4.12}$$

を「$x = a$ から $x = b$ までの[†]，$f(x)$ の定積分」という。**定積分には積分定数の自由度はない**。

積分範囲に関して，以下の関係がいえる。

定積分の積分範囲

それぞれの定積分が可能なとき

$$\int_b^a f(x)\ \mathrm{d}x = -\int_a^b f(x)\ \mathrm{d}x \tag{4.13}$$

$$\int_a^b f(x)\ \mathrm{d}x = \int_a^c f(x)\ \mathrm{d}x + \int_c^b f(x)\ \mathrm{d}x \tag{4.14}$$

がいえる。ただし，$a < c < b$ である必要は特にない。

また，$f(x)$ が積分範囲の端点で不連続だったり未定義であったりした場合にも，極限をとることで問題が回避できるなら，そのように扱うのが普通である。

広義積分

$$\int_a^b f(x)\ \mathrm{d}x = \lim_{a' \to a,\, b' \to b} \int_{a'}^{b'} f(x)\ \mathrm{d}x \tag{4.15}$$
$$= \lim_{a' \to a} F(a') - \lim_{b' \to b} F(b')$$

ただし，a', b' の極限操作は，積分範囲の内側から近付けてゆく（広義積分が必要な場合には，$a' \to a + 0$ と $a' \to a - 0$ では違った結果を生む恐れが強い）。

広義積分の典型的な例は「積分範囲が無限大の積分」である。

[†] 特に条件を強調したい場合，$\int_{x=a}^{x=b} f(x)\ \mathrm{d}x$ と書くことにする。

4. 積分の基礎と意義

例題 4.2

$$\int_0^\infty e^{-x} \, dx \text{ を求めよ。}$$

解答

積分範囲に無限大があるが，e^{-x} の不定積分 $-e^{-x}+C$ は $x \to \infty$ で C に収束するので広義積分可能。

通常は以下のような**正式でない書き方**で済ましても問題ない。

$$\int_0^\infty e^{-x} \, dx = \left[-e^{-x} \right]_0^\infty = -e^{-\infty} - \left(-e^{-0} \right) = 0 - (-1) = 1$$

ところで，定積分の定義式 (4.12) は，積分定数が入っていないのはよいが，計算結果が定まった「値」になり，x の「関数」ではなくなっていることに注意したい。

現実の問題を考える場合，例えば「バネを初期位置 x_0 から x_1 まで伸ばす間の〜」といったら，普通はその量を「最終位置 x_1 の関数」と認識するであろう。そのように表現を書き換えてやると次の形の積分が得られる。

応用に適した積分形式

$$\frac{dF(x)}{dx} = f(x)$$

を満たす関数 $F(x)$ のうち，特に $F(x_0) = F_0$ であるものは

$$F(x) = F_0 + \int_{x_0}^x f(x') \, dx' \tag{4.16}$$

と書ける。ここで x' はダミー変数と呼ばれ，f の引数として $x_0 \sim x$ の間を変化するが，**最終的な結果には現れない**。

証明

まず，式 (4.16) の右辺に $x = x_0$ を代入すれば $F(x_0) = F_0$ は簡単に確認できる。

$$F(x_0) = F_0 + \int_{x_0}^{x_0} f(x') \, dx' = F_0 + \left[F(x') \right]_{x_0}^{x_0} = F_0 + 0$$

次に，$F_0 = F(x_0)$ が定数であることに注意しながら，式 (4.16) の右辺を微分してみよう。

$$\text{式 (4.16) の右辺の微分} = 0 + \frac{d}{dx} \left(\int_{x_0}^x f(x') \, dx' \right)$$

$$\begin{aligned}
&= \frac{\mathrm{d}}{\mathrm{d}x}\Big[F(x')\Big]_{x_0}^{x} \\
&= \frac{\mathrm{d}}{\mathrm{d}x}\Big(F(x) - F(x_0)\Big) \\
&= \frac{\mathrm{d}F(x)}{\mathrm{d}x} - 0 \\
&= f(x)
\end{aligned}$$

よって，式 (4.16) は確かに要求された性質を持っている。

練習問題 4.3

次の計算をせよ。ただし，T，a，v_0 は定数。

(1) $\displaystyle\int_0^{\pi/2} \cos x \ \mathrm{d}x$ (2) $\displaystyle\int_0^{\pi} \sin x \ \mathrm{d}x$ (3) $\displaystyle\int_0^{T} \sin\left(2\pi\frac{t}{T}\right) \ \mathrm{d}t$

(4) $v_0 + \displaystyle\int_0^{t} a \ \mathrm{d}t'$ (5) $\displaystyle\int_0^{t} \left(\int_0^{t'} a \ \mathrm{d}t''\right) \ \mathrm{d}t'$ (6) $\displaystyle\int_\infty^{r} -\frac{1}{r'^2} \ \mathrm{d}r'$

4.1.3 積分と面積（区分求積法）

既知の関数 $f(x)$ のグラフが囲む面積，例えば，図 **4.1** (a) の灰色部分の面積 S を求めることを考えよう。しかし，われわれは，円や楕円等の例外を除くと，曲線が囲む面積については計算方法を知らない[†1]。

そこで，S の代わりに，図 (b) のように N 個の長方形の面積の合計 S_N の面積計算をし，$N \to \infty$ の極限の値をもって，$S = S_\infty$ とすることにしてみよう[†2]。

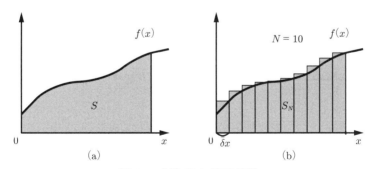

図 **4.1** 曲線 $f(x)$ が囲む面積

本来，求めたいのは図 (a) の「曲線に囲まれた部分の面積」であるが，このような面積は計算できない。そこで図 (b) のように「細い長方形の面積」の和を考え，無限に多く分割する操作で二つの図形の違いをなくしてゆく（10 等分の場合を図示）。

[†1] それどころか，そのような場合の面積の定義さえしていない。
[†2] この図の S_N は，明らかに S より大きい。しかし，N を非常に大きくとればその差はごくわずかになるので問題はない。厳密には，S を外から囲む長方形の面積の和と S の内側にある長方形の面積の和が $N \to \infty$ の極限で一致することを見なければならない。

長方形の底辺 δx をすべて等しくとると，$\delta x = x/N$ となる．左から n 番目の長方形の高さは $f(n \cdot \delta x)$ なので，その面積は $f(n \cdot \delta x) \times \delta x$，$N$ 個の長方形すべての面積の和は

$$S_N = \sum_{n=1}^{N} f(n \cdot \delta x) \times \delta x \tag{4.17}$$

その極限値は

$$S = \lim_{N \to \infty} S_N = \lim_{N \to \infty} \sum_{n=1}^{N} f\left(n \cdot \frac{x}{N}\right) \times \frac{x}{N} \tag{4.18}$$

となる．

ところで，面積 S は関数 $f(x)$ の関数形によって決まるのはもちろんだが，横幅 x によって変化することも明白である．もしも，x を少しだけ，そう，δx だけ大きくしたらどうなるだろうか？

図 4.2 のように，面積の差分 $\delta S = S(x + \delta x) - S(x)$ を考えると

$$\delta S \simeq f(x + \delta x) \times \delta x \tag{4.19}$$

であり，両辺を δx で割ってから極限をとれば

$$\frac{\mathrm{d}S(x)}{\mathrm{d}x} = \lim_{\delta x \to 0} \frac{\delta S}{\delta x} = \lim_{\delta x \to 0} f(x + \delta x) = f(x) \tag{4.20}$$

となる．

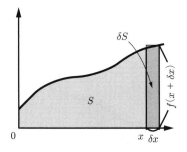

図 4.2 δx に対する面積の差分 δS
x の増分 δx に対して，新たに付け加わる面積 δS は
$$\delta S \simeq f(x + \delta x) \times \delta x$$
$$\simeq f(x) \times \delta x$$
としてよい．

式 (4.20) は「$S(x)$ とは，微分すると $f(x)$ になる関数である」ことを示していて，これはまさしく積分の定義にほかならない．

$$S(x) = \int f(x) \, \mathrm{d}x + C \tag{4.21}$$

このような積分の意味付けを**区分求積法**という[†]．

[†] 歴史的には，微分よりも積分（区分求積法）のほうが先に発展した．積分記号 $\int$ は S を長く伸ばした記号であり，最初から $\sum$ すなわち sum up（足し上げ）の意味が込められている（Σ は S に対応するギリシア文字）．

なお，積分定数の自由度は，面積 S の左端が 0 とは限らないことからきているので，左端 0 から右端 x まで，と明示すれば積分定数が消えた

$$S(x) = \int_0^x f(x') \, \mathrm{d}x' \tag{4.22}$$

が得られる（x' はダミー変数）。

> **区分求積法**
>
> $a \leqq x \leqq b$ の範囲で，関数 $f(x)$ の x 軸より上にある部分が成す面積 S は
>
> $$\begin{aligned} S &= \sum \delta S \\ &= \int_a^b \frac{\mathrm{d}S(x)}{\mathrm{d}x} \, \mathrm{d}x \\ &= \int_a^b f(x) \, \mathrm{d}x \end{aligned} \tag{4.23}$$
>
> である（ただし，x 軸より下にある部分については負の面積として扱う）。
>
> 区分求積法は，積分に「"無限小部分 δx の成す無限小面積 δS" を無限に沢山集めることで，有限の面積 S を計算する手法」という意味を与える考え方である。

練習問題 4.4

図 4.3 を参考に，積分により底辺 l [m]，高さ h [m] の直角三角形の面積を求めよ。

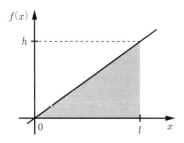

図 4.3 直角三角形の面積
底辺 l，高さ h の直角三角形の斜辺は，直線 $f(x) = (h/l)x$ によって与えられる。

区分求積法は面積だけではなく，例題 4.3 のように体積を出す場合や，もっと一般的な場合にも，面積の場合とほぼ同様に利用される。

例題 4.3

高さ H [m],底面半径 R [m] の円錐の体積 V [m^3] を求めよ.

解答

図 4.4 のように,円錐の頂点から x [m] だけ下の位置にある小円柱の体積を $\delta V(x)$ とする.この小円柱の底面半径 $r(x)$ [m] は x に比例し,$r(x) = (R/H) \cdot x$ であるので

$$\delta V \simeq S(x) \times \delta x = \pi \left(\frac{Rx}{H}\right)^2 \times \delta x$$

となり

$$\begin{aligned}
V &= \sum \delta V \\
&= \int_{0\,\mathrm{m}}^{H} S(x) \ \mathrm{d}x \\
&= \frac{\pi R^2}{H^2} \int_{0\,\mathrm{m}}^{H} x^2 \ \mathrm{d}x \\
&= \frac{\pi R^2}{H^2} \left[\frac{1}{3} x^3\right]_{0\,\mathrm{m}}^{H} \\
&= \frac{1}{3} \left(\pi R^2\right) H
\end{aligned}$$

が得られる.こうして,小学校以来,証明しないまま記憶してきた錐体体積の公式が積分によってついに求められた.

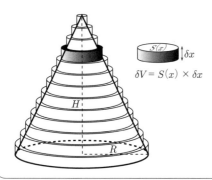

図 4.4 円錐の体積の区分求積

高さ H,底面半径 R の円錐の体積を求めるため,厚み δx の小円柱の体積の和を考える.小円柱の底面積 S は頂点からの高さ x の関数になる.

4.2 物理現象への応用

積分の色々なテクニックを紹介し,積分法自体のパズル的な面白さを紹介するのは魅力的な話である.しかし,本書の趣旨は物理・電気現象の解析に使われている高等数学を理解す

ることなので,積分法の基本を学ぶとどのような現象が理解できるのかを見ることを優先させる。

4.2.1 変動量に対する平均

われわれは変動する量を完全に取り扱うのが大変な場合に,平均値を得ることで大体の評価を見積もることが多い。

ところが,N 個のデータ $f_1, f_2, \ldots, f_N$ の加算平均 $\overline{f}$ の定義式

$$\overline{f} = \frac{1}{N} \sum_{n}^{N} f_n \tag{4.24}$$

はそのままでは連続量に対して使えない。

ここでわれわれは「変動する量に対する平均値」を新たに(ただし,日常的な感覚に反しない結果を得られるような方法で)定義しなければならないわけだが,その指針を決定するために図 4.5 を見てみよう。

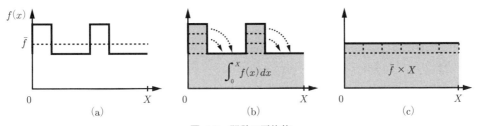

図 4.5 関数の平均値

実線で示された凸凹の関数 $f(x)$ は,大きな値をとっている範囲のほうが小さな値をとっている範囲より狭い。したがって,その平均値 $\overline{f}$ (破線)は真ん中よりも小さめの値にするべきだろう。

実際,$\overline{f}$ は,図 (b) の灰色部分の面積 $\int_0^X f(x)\,dx$ と,図 (c) の灰色部分の面積 $\overline{f} \times X$ が等しくなるように定められている。

まず,図 (a) の破線の値 $\overline{f}$ を実線 $f(x)$ の平均値と呼ぶのは(正確な値かはともかく,ざっと見た感じでは)自然に思えるだろう。

この平均値 $\overline{f}$ は,図 (b) と図 (c) の灰色部の面積が等しくなるようにうまく選ばれている。つまり

$$\int_0^X f(x)\,dx = \overline{f} \times X \tag{4.25}$$

となっている。

この選び方は「最大値と最小値の真ん中」などよりも，ずっと平均値らしい値を与えてくれるし，なにより，式 (4.25) は「掛算を一般化すると積分になる」という趣旨に合っている[†]。

実用的には，変動する量とは時刻 t の関数である場合が多いだろうし，時刻が 0 s から始まるとも限らないので，次のように定義しておく。

変動する量に対する平均値

関数 $f(t)$ の，$t_0 \leqq t \leqq t_1$ の間の平均値 $\overline{f}$ を以下のように定義する。

$$\overline{f} = \frac{1}{t_1 - t_0} \int_{t_0}^{t_1} f(t) \, dt \tag{4.26}$$

特に，$f(t)$ が周期 T をもって周期変動する場合には，範囲を明示しなくとも 1 周期分の平均値をいう場合が多い。

$$\overline{f} = \frac{1}{T} \int_{t_0}^{t_0+T} f(t) \, dt \tag{4.27}$$

（周期関数なので t_0 はどう選んでも結果に関係ない。計算しやすい値を選ぶか，単純に $t = 0\,\mathrm{s}$ としておけばよい。）

練習問題 4.5

図 4.6 の関数 $f(x) = |A \sin x|$ を $0 \leqq x \leqq 2\pi$ の範囲で積分し，$\overline{f}$ を求めよ。

（ヒント：まずは $0 \leqq x \leqq \pi$ で積分する。）

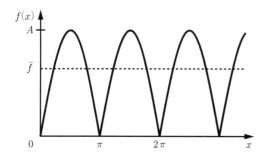

図 4.6 全波整流の平均値
交流電源から直流を取り出す場合に見られる波形。sin 関数の絶対値をとった関数 $f(x)$ と，その平均値 $\overline{f}$。

4.2.2 等速直線運動・等加速度直線運動

1.6 節で見たように，位置 $x\,[\mathrm{m}]$ と速度 $v\,[\mathrm{m/s}]$，加速度 $a\,[\mathrm{m/s^2}]$ をすべて時刻 t の関数

[†] 「（一番簡単な）$f(x) = \overline{f}$ で一定値」の場合には $\overline{f} \times X$ という掛算で求めていた量を，「$f(x)$ は x の関数であって一定値ではない」場合には $\int_0^X f(x) \, dx$ という積分を行えばよい，と一般化している。

と見て（実際，時刻によって位置も速度も加速度も変わるだろうから，これらは時刻 $t\,[\mathrm{s}]$ の関数である）時刻 t で微分すると

$$v(t) = \frac{\mathrm{d}x(t)}{\mathrm{d}t} \tag{4.28}$$

$$a(t) = \frac{\mathrm{d}v(t)}{\mathrm{d}t} = \frac{\mathrm{d}^2 x(t)}{\mathrm{d}t^2} \tag{4.29}$$

の関係が成り立っている。

逆にいえば

$$v(t) = \int a(t)\,\mathrm{d}t \tag{4.30}$$

$$x(t) = \int v(t)\,\mathrm{d}t = \iint a(t)\,\mathrm{d}t\,\mathrm{d}t \tag{4.31}$$

である。

現実に則した計算で，初期値が指定されている場合は定積分を使って

$$v(t) = v_0 + \int_{0\,\mathrm{s}}^{t} a(t')\,\mathrm{d}t' \tag{4.32}$$

$$x(t) = x_0 + \int_{0\,\mathrm{s}}^{t} v(t')\,\mathrm{d}t' \tag{4.33}$$

とすればよい（t' はダミー変数）。もちろん x_0, v_0 は位置と速度の初期値で $x(0\,\mathrm{s}) = x_0$, $v(0\,\mathrm{s}) = v_0$ である。

われわれはすでに，1章の練習問題 1.4 と練習問題 1.5 で等速直線運動と等加速度直線運動を見た。あのときは唐突に与えられた $x(t)$ を微分して，その性質を見たが，今やわれわれはそれぞれ「v が一定」，「a が一定」という条件から，積分によって位置 $x(t)$ を求めることができる。

4.2.3 コンデンサの帯電量

コンデンサの基本式が，帯電量 q と電圧 v_C の比例関係，$q = C \cdot v_\mathrm{C}$ であることはすでに見た。そして「コンデンサの帯電量 q が増加するのは電流 i によって電荷が流れ込んできたから」なので

$$i(t) = \frac{\mathrm{d}q(t)}{\mathrm{d}t} = C\,\frac{\mathrm{d}v_\mathrm{C}(t)}{\mathrm{d}t} \tag{4.34}$$

とするのが 1.8.4 項の議論だった。しかし，積分を知った今となっては，むしろ

$$q(t) = Q_0 + \int_{0\,\mathrm{s}}^{t} i(t')\,\mathrm{d}t' \tag{4.35}$$

$$v_\mathrm{C}(t) = \frac{Q_0}{C} + \frac{1}{C}\int_{0\,\mathrm{s}}^{t} i(t')\,\mathrm{d}t' \tag{4.36}$$

とするか，または（積分定数の面で正確ではないのを承知の上で）

$$q(t) = \int i(t) \, dt \tag{4.37}$$

$$v_C(t) = \frac{1}{C} \int i(t) \, dt \tag{4.38}$$

とするほうが便利な場面も多いだろう[†1]。

【練習問題 4.6】

図 **4.7** のように，抵抗 R とコンデンサ C に共通の電流 $i(t) = I_{\max} \sin \omega t$ が流れている。

(1) 抵抗電圧 $v_R(t)$ とコンデンサ電圧 $v_C(t)$ をそれぞれ求めよ。

(2) 付録 A.2.4 の式 (A.20) を利用し，$v_{全}(t) = v_R(t) + v_C(t)$ の最大値を求めよ。

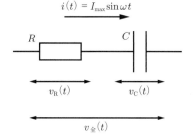

図 **4.7** CR 直列回路

$v_{全}(t) = v_C(t) + v_R(t)$ はもちろん正しいし，$i_{全}(t) = i_C(t) = i_R(t)$ なので単に $i(t)$ とするのもよい。
しかし，$V_{全\max} = V_{R\max} + V_{C\max}$ としてはイケナイ。v_R と v_C は同時には最大値をとらないからだ。

4.2.4 仕事とエネルギー

これまでにも繰り返し述べたように，応用的な計算においては「積分」の第一の意味は「より一般的な意味での掛算」である。したがって，小学校や中学校の理科の教科書に「×」とあったら，それはすべて「本当は積分だ」と思ってよいといっても過言ではない[†2]。

例えば，「仕事」の定義を思い出してみよう。仕事 W 〔J〕は，力 F 〔N〕で l 〔m〕動かすのになされた「なにか」[†3] であるとされていて

$$W = F \times l \tag{4.39}$$

であった。もちろん「力 F は一定である」とされていたわけだが，一般的には，力が場所な

[†1] コンデンサの話題では，コンデンサ容量を表す変数 C と電荷の単位〔C〕ですでに二種類も「C」の文字が使われているため，さらに積分定数 C までは使いたくない。積分定数を Q_0 などとするのが適切だが，（教員などが安全性を確認した上でなら）「積分定数は無視する」として進めてしまうほうが，混乱が少ない場合が多いだろう。

[†2] やっぱり過言かも …

[†3] 「なにか」を説明するには「腕の疲れ具合だよ」とか「俺から減って，代わりにほかの物が蓄えたエネルギーだよ」，「意地悪しないでもわかってるくせに，アレだよ」とか色々な表現があると思うが，「仕事」以外の言葉で的確に表せるなら「仕事」という物理用語は要らないだろう。

り時間なりによって変化することは明白である。

力が位置の関数として $F(x)$ と表せる場合の仕事を考えてみよう。位置の変化 δx が微小であるため，その間は力 $F(x)$ をほぼ一定と考えてよいとすれば（それ位 δx を小さくすれば），その間になす仕事 δW は

$$\delta W = F(x) \times \delta x$$

であり，全体の仕事 W は δW の足合せで定義することができ，区分求積法によれば，無限小部分の足合せは積分となる。

仕事の定義

位置 x [m] の関数として $F(x)$ [N] と表せる力が働いている物体が，初期位置 x_0 [m] から最終位置 $x_0 + l$ [m] まで動いたとき，なされた仕事 W [J] を

$$W = \sum \delta W = \int_{x_0}^{x_0+l} \frac{\mathrm{d}W}{\mathrm{d}x}\,\mathrm{d}x = \int_{x_0}^{x_0+l} F(x)\,\mathrm{d}x \tag{4.40}$$

と定義する[†1]。

もちろん，$F(x)$ が定数の場合には式 (4.40) は式 (4.39) に一致する。

式 (4.40) を使って，バネが蓄えるエネルギー（弾性エネルギー）の式を導いてみよう。

図 4.8 のように，バネ定数 k [N/m] のバネを引っ張るために F [N] の力が必要だとする。この力は位置の関数であり，自然長 l_0 [m] からの位置変化が x' [m] の位置にあるときの力を $F(x')$ とすると，$F(x') = kx'$ であると知られている[†2]。

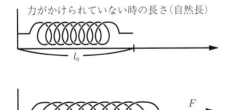

図 4.8 フックの法則
自然長 l_0 を基準にした位置 x' の長さにバネ定数 k のバネを引き伸ばしてあるなら，バネには $F = kx'$ の力がかかっている。
バネ全体の長さ $l = l_0 + x'$ より x' の方が重要な量になる。

[†1] 正確には，このままだと一直線上の運動にしか使えないので，さらにベクトル内積を使って書き直す必要があるが，それはまた別の話である。

[†2] 通常，フックの法則には負号をつけ $F(x) = -kx$ とするのが正しい。しかし，ここでは「バネがなにかを引っ張る力」ではなく「なにかがバネを引っ張る力」を $F(x)$ としているので，正負が反転してこれでよい。

バネを自然長から x〔m〕だけ伸ばす間になされた仕事 $W(x)$〔J〕は，一見して ~~$W = F \times x$~~ としたくなるが，そうはいかない（F は位置の関数であり，バネを伸ばしている間中変化している）。

正しくは，式 (4.40) に従い，掛算したいところを積分に替え

$$W(x) = \int_{0\,\mathrm{m}}^{x} F(x')\,\mathrm{d}x' = \int_{0\,\mathrm{m}}^{x} kx'\,\mathrm{d}x' = \left[\frac{1}{2}kx'^2\right]_{0\,\mathrm{m}}^{x} = \frac{1}{2}kx^2 \tag{4.41}$$

となり（x' はダミー変数），その間にバネに蓄えられた弾性エネルギー $U_{バネ}(x)$〔J〕は，なされた仕事と等しいので

$$U_{バネ}(x) = W(x) = \frac{1}{2}kx^2 \tag{4.42}$$

と求まる。

例題 4.4

点電荷 $+Q$〔C〕（クーロン）は周りの空間を「別の電荷を外に押しやる性質を持った特別な空間」に変える。このことは「電界（電場）E〔N/C〕を作る」と表現され，電荷 $+Q$ から距離 r'〔m〕だけ離れた点にある別の電荷 $+q$〔C〕は，外向きに

$$F(r') = \frac{1}{4\pi\varepsilon_0} \cdot \frac{qQ}{r'^2} = qE(r') \quad 〔\mathrm{N}〕$$

の力を受ける（ε_0〔$\mathrm{C^2/Nm^2}$〕は真空中の誘電率と呼ばれる物理量だが，ここでは単なる比例定数と思ってよい）。

電荷 $+Q$ を固定したまま，電荷 $+q$ を無限遠方から位置 r〔m〕まで持って来るのに必要な仕事 $W(r)$〔J〕はいくらか？

解答

位置 r のところにある電荷 $+q$ を電界に逆らって動かすには $-F(r)$ の力が必要（近付ける向きの力は負で表されることに注意）なので，仕事の定義（式 (4.40)）により

$$\begin{aligned}
W(r) &= \int_{\infty\,\mathrm{m}}^{r} -\frac{1}{4\pi\varepsilon_0} \cdot \frac{qQ}{r'^2}\,\mathrm{d}r' \\
&= -\frac{qQ}{4\pi\varepsilon_0} \int_{\infty\,\mathrm{m}}^{r} \frac{1}{r'^2}\,\mathrm{d}r' \\
&= -\frac{qQ}{4\pi\varepsilon_0} \cdot \left[-\frac{1}{r'}\right]_{\infty\,\mathrm{m}}^{r} \\
&= \frac{1}{4\pi\varepsilon_0} \cdot \frac{qQ}{r}
\end{aligned} \tag{4.43}$$

となる。

「数学の授業中に習う微積分はある程度できるが，実際の問題へ応用しようとすると途端にできなくなる」とボヤく学生は多い．式 (4.43) は，まず「dr'」に注目し，「変数は r' で，それ以外のアルファベットはすべて単なる定数である」ことを認識し，数学の教科書には $\int_{\infty}^{X} \frac{a}{x^2} dx = \cdots$ という形で書かれているということを理解しよう．

式 (4.43) で求めた仕事 $W(r)$ は，電荷 $+q$ が位置 r のところにあるときに持つ位置エネルギー $U_q(r)$〔J〕と等しい．重力による位置エネルギーに対応して，「電気的な意味での高さ」電位 $V(r)$〔V〕(ボルト) を

$$V(r) = \frac{1}{4\pi\varepsilon_0} \cdot \frac{Q}{r}$$

としてやると，「電荷 $+Q$ は ($+q$ と無関係に) 電界 $E(r)$ と電位 $V(r)$ を作り，その空間の中で位置 r にある電荷 $+q$ は力 $F(r) = qE(r)$ を受け，位置エネルギー (クーロンエネルギー) $U_q(r) = qV(r)$ を持つ」といえる．

$$V(r) = \int_{\infty\,\mathrm{m}}^{r} E(r')\,dr' \quad \longleftrightarrow \quad E(r) = \frac{dV(r)}{dr} \qquad (4.44)$$

は，電界と電位の意味を考える上で重要な式であり，その間の関係は微積分なしには理解できない（図 **4.9** は，そのイメージ図である）．

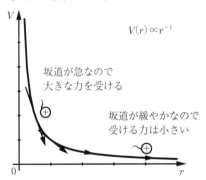

図 **4.9** 静電荷の作る電位
電荷 Q を中心として外に行くほど (r が大きいほど)，電位 V が「低く」なっている．
$V(r)$ が $1/r$ に比例しているため，その傾きは $1/r^2$ に比例する．この傾きこそ，「別の電荷 q がどれだけ大きな力を受けるか」を決める量であり，電界 E である．

練習問題 4.7

容量 C〔F〕(ファラッド) のコンデンサに電荷が q〔C〕貯まっているとき，コンデンサの両端には電位差 $V_\mathrm{C} = q/C$〔V〕ができている．コンデンサに電荷を Q〔C〕だけ貯めるために必要な仕事（すなわち，コンデンサに蓄えられる静電エネルギー）を求めたい．

一見して，「電気的な高低差」V_C と「上まで持ち上げる電荷」Q の積をとって $W = Q \times V_\mathrm{C} = Q^2/C$〔J〕としたくなるが，そうはいかない ($V_\mathrm{C}$ は，それまでに貯まった電荷 q の関数になっている（図 **4.10**））．

$V_\mathrm{C}(q)$ の積分を行い，コンデンサに蓄えられるエネルギー U_C〔J〕が $U_\mathrm{C} = \frac{1}{2} \cdot Q^2/C$ となることを証明せよ．

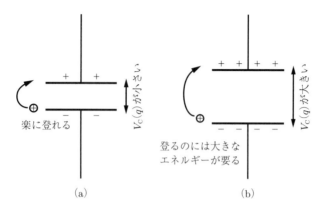

図 4.10 コンデンサを帯電させる仕事

コンデンサに電荷を貯めていく最中を考えると，
(a) 最初のうちは電荷が貯まっておらず，極板間の電位差も小さい．このため微小電荷 δq を正極板まで「持ち上げる」仕事 δW は小さくて済む．
(b) やがて電荷が貯まってくると，極板間の電位差が大きくなるため，新たに微小電荷 δq を持ち上げるには大きな仕事 δW が必要になる．

4.2.5 回転運動と慣性モーメント

図 4.11 のように，棒の両端に質量 m [kg] の錘がついている，鉄アレイのような形の物体を回転させることを考えよう．

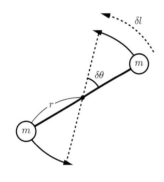

図 4.11 棒の両端に錘がついている場合

棒の両端にしか質量がない場合は，棒の長さ L [m] に対して回転半径 $r = L/2$，全体の質量 M [kg] に対して錘の質量 $m = M/2$ である．

なお，微小時間 δt の間に回転する角度は $\delta\theta = \omega\delta t$，その間に進む距離は $\delta l = r\delta\theta = r\omega\delta t$ であるから（ラジアン角の定義），錘の速さは $v = r\omega$ となる．

質量 m を持った質点（質量は考えるが大きさを考えないでよい物体）が速度 v [m/s] で運動している場合の運動エネルギー K [J] は

$$K = \frac{1}{2}mv^2 \tag{4.45}$$

であると知られている．二つの錘を質点と考え，式 (4.45) を認めるならば，錘の部分の速度 v がいくらになるかを求めるだけで，この物体の回転によるエネルギーは計算できるはずだ．

まず，「回転の速さ」を定義する。明らかに，すばやい回転はゆっくりとした回転よりも大きなエネルギーを持ちそうであるが，「回転の速さ」（先端部の速度 v とは異なる）とはなんだろうか？

適当な軸を設定し，その軸との角度を $\theta(t)$ [rad] とするとき，$\theta(t) = \omega t$ であるならば，「回転の速さは一定」であり，「回転の速さは ω である」とするのは感覚的にも納得の行くところであろう。一般的に，回転速度または**角速度**と呼ばれる量 ω [rad/s]（または [1/s]）を

$$\omega = \frac{d\theta(t)}{dt}$$

と定義してやると，中心から r [m] 離れた場所にある錘の速度（の大きさ）は $v = r\omega$ でよいことがすぐにわかる。

この物体には錘が二つあるので，全体のエネルギーは

$$\begin{aligned} K_{全体} &= 2 \times \frac{1}{2}mv^2 \\ &= mr^2\omega^2 \\ &= \frac{1}{8}ML^2 \times \omega^2 \end{aligned} \tag{4.46}$$

となる。ただし，M, L はそれぞれ物体全体の質量，棒全体の長さであり $M = 2m$, $L = 2r$ である。

普通，この式は運動エネルギーの式 (4.45) と形を似せて

$$K = \frac{1}{2}I\omega^2 \qquad \left(ただし，\quad I = \frac{1}{4}ML^2\right) \tag{4.47}$$

と書き，質量 m に相当する「回転させ難さ」I [kg m^2] を**慣性モーメント**と呼ぶ。

次は，**図 4.12** のような，普通の棒を回転させることを考えよう。

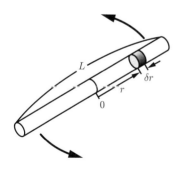

図 4.12 回転する棒の場合

棒の太さを無視すると，質量 $\delta m = \rho \delta r$ を持ち，速さ $v(r) = r\omega$ で運動する錘が無数に取り付けられていると考えられる。
積分計算においては中心から片側の端まで $L/2$ の部分だけについて計算し，結果を 2 倍する。

棒の質量 M は，長さ L に均等に分布しているため，線密度（長さ当たりどれだけの質量があるかで表す密度の一種）は $\rho = M/L$ [kg/m] となる。

中心から r だけ離れた場所にある長さ δr 〔m〕の小部分を考えると，その質量は $\rho\,\delta r$ となり，小部分の持つ運動エネルギーを δK 〔J〕とすれば

$$\delta K = \frac{1}{2}(\rho\,\delta r)(r\omega)^2 = \frac{1}{2}\left(\rho\omega^2\right)r^2 \times \delta r \tag{4.48}$$

となる．棒全体での運動エネルギーを出すには区分求積法により

$$\begin{aligned}
K_{全体} &= \sum \delta K \\
&= \int \frac{\mathrm{d}K}{\mathrm{d}r}\,\mathrm{d}r \\
&= 2 \times \int_{0\,\mathrm{m}}^{\frac{L}{2}} \frac{1}{2}\left(\rho\omega^2\right)r^2\,\mathrm{d}r \\
&= \rho\omega^2 \left[\frac{1}{3}r^3\right]_{0\,\mathrm{m}}^{\frac{L}{2}} \\
&= \rho\omega^2 \cdot \frac{1}{24}L^3 \\
&= \frac{1}{24}ML^2\omega^2
\end{aligned} \tag{4.49}$$

となり，結局，均一な棒の慣性モーメントは

$$I = \frac{1}{12}ML^2 \tag{4.50}$$

で与えられる．

4.3 回転対称系での積分

円柱状の物体や円盤状の物体を取り扱う際，中心からの距離 r 〔m〕によって決まる関数 $f(r)$ を積分して，$f \times \pi R^2$ に対応する計算をしたいという状況は多い．しかし，じつは，この場合には $\int f(r)\,\mathrm{d}r$ という積分をしても正しい結果は出てこない．

本節では，回転対称系での積分のルールを導入し，物理的応用性を広げておこう．

例題 4.5

　底面半径 R 〔m〕，高さ H 〔m〕の円錐の体積を求めよ．ただし，水平に無限分割して考えた例題 4.3 とは趣を変え，図 **4.13** のように，厚み δr 〔m〕の薄い円管に無限分割する方法をとる．

4.3 回転対称系での積分   71

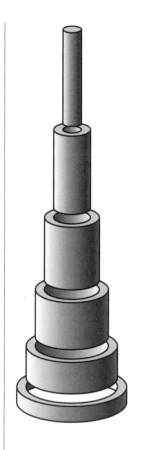

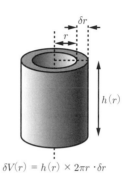

$\delta V(r) = h(r) \times 2\pi r \cdot \delta r$

図 4.13 円管による円錐の分割

中心軸からの距離 r ごとに分割する．すなわち，厚さ δr で半径の異なる円管をはめ込んで円錐を作ってゆくような形で考える．

r を決めれば h が決まるので，各微小部分の体積は $\delta V = h(r) \times 2\pi r \cdot \delta r$ とできる．この方法は回転対称な対象を扱うのに便利である．

底面積 $2\pi r \cdot \delta r$ については，大きな円から小さな円を抜いた環の面積と考えて，

$\pi(r+\delta r)^2 - \pi r^2 \simeq 2\pi r \cdot \delta r$ としてもよいし，長さ $2\pi r$ で幅 δr の面積（δr が非常に小さいおかげで，カーブしていることは問題にならない）と考えてもよい．

解答

まず，各円管の底面積を求める．内半径 r [m]，外半径 $r + \delta r$ の円環の面積 $\delta S(r)$ [m^2] は

$$\delta S(r) = \pi(r + \delta r)^2 - \pi r^2 \simeq 2\pi r \cdot \delta r$$

である．また，円錐の中心からの距離 r の位置では円錐の高さ $h(r)$ [m] は

$$h(r) = H - \frac{H}{R} \cdot r$$

なので，これを円管の高さとする（円管の厚み δr は無限に薄いと考えるので，$h(r)$ と $h(r + \delta r)$ の差は無視できる）．

区分求積法により全体積を求めると

$$\begin{aligned} V &= \sum \delta V \\ &= \sum h(r) \times \delta S(r) \end{aligned}$$

$$
\begin{aligned}
&= \int_{0\,\mathrm{m}}^{R} \left(H - \frac{H}{R}\cdot r\right) \times 2\pi r \ \mathrm{d}r \\
&= 2\pi H \left[\frac{1}{2}r^2 - \frac{1}{3R}r^3\right]_{0\,\mathrm{m}}^{R} \\
&= 2\pi H \times \frac{1}{6}R^2 \\
&= \frac{1}{3}\left(\pi R^2\right)H
\end{aligned}
$$

と，この方法でも円錐の体積公式が求められた．

ここで一般的に注意すべきことがある．

「位置 r の場所での高さ $h(r)$ を積分すれば体積が出るだろう」と考えて，~~$V = \int h(r) \ \mathrm{d}r$~~ のような積分をしても意味はない（左辺と右辺の単位さえ合っていない）．円管の底面積を考えればわかるように，r が小さい部分より r が大きい部分の方が沢山あるので，その分の重み $2\pi r$ を掛けてから積分しなくてはならないのである．

軸対称な場合や球対称な場合の r 積分

中心軸からの距離 r のみによって定まる，回転対称性を持つ関数 $f(r)$ を円状の面全体にわたって積分したい場合

$$\int_{0}^{R} f(r) \times 2\pi r \ \mathrm{d}r \tag{4.51}$$

の形の積分が行われる．

また，中心点からの距離 r のみによって定まる，球対称性を持つ関数 $f(r)$ を球の内部全体にわたって積分したい場合は

$$\int_{0}^{R} f(r) \times 4\pi r^2 \ \mathrm{d}r \tag{4.52}$$

の形の積分が行われる．

証明は略すが，式 (4.51) 中に円周長の因子 $2\pi r$ が入っていること，式 (4.52) 中に球の表面積の因子 $4\pi r^2$ が入っていることは，偶然ではない．

練習問題 4.8

次の積分を行え。

(1) $\quad S_\text{円} = \int_{0\,\text{m}}^{R} 1 \times 2\pi r \ \mathrm{d}r$ 　　(2) $\quad V_\text{球} = \int_{0\,\text{m}}^{R} 1 \times 4\pi r^2 \ \mathrm{d}r$

練習問題 4.9

図 4.14 のように，半径 $R\,[\text{m}]$ の円形の水道管の中に水を流す場合の流れの様子を考えたい。水の流れが遅い場合流れは**層流**（定常流）となる。その速度 $v\,[\text{m/s}]$ は中心軸からの距離 $r\,[\text{m}]$ の関数となり

$$v(r) = \alpha \left(R^2 - r^2\right) \tag{4.53}$$

の形となることが知られている[†]。

この場合，流速が場所によって違うわけだから，管全体での水の流量 $Q\,[\text{m}^3/\text{s}]$ は単純な $Q = v \times \pi R^2$ ではなく

$$Q = \int_{0\,\text{m}}^{R} v(r) \times 2\pi r \ \mathrm{d}r \tag{4.54}$$

となる。この積分を実行し Q を求めよ。
　　　　　　　　　　　　　　　（R が 2 倍になったら Q が何倍になるかも考えてみること。）

上流の水圧の方が
下流より高い

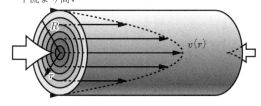

図 4.14 円管内の層流
流れの速い層（中心部）から静止している層（外縁部）まで，何重にも重なった層があり，層ごとの流速 $v(r)$ は $R^2 - r^2$ に比例することが知られている。

このような流れは「ハーゲン・ポアゼイユ流」と呼ばれ，R の次数が高いこと，すなわち「管径 R の変化に対して流量 Q が非常に敏感に変化する」ことが，実用上，特に重要である。

[†] 式 (4.53) の導出は行わないが，中心部（$r = 0\,\text{m}$）で $v(r)$ が最大値になることと，管壁に触れる部分（$r = R$）で $v(r) = 0\,\text{m/s}$ となることは確認しておこう。
　また，ここでは比例定数を単に $\alpha\,[1/\text{ms}]$ としたが，実際には，流体の粘性抵抗 $\eta\,[\text{kg/ms}]$，管長 $L\,[\text{m}]$，上流と下流の圧力差 $\Delta P\,[\text{N/m}^2]$ により，$\alpha = \Delta P / 4\eta L$ となることも知られている。

章 末 問 題

【4.1】 t [s] の関数 $i(t)$ [A] が次のように与えられた場合，その不定積分

$$q(t) = \int i(t) \, dt$$

を答えよ。また，初期条件 $q(0\,\text{s}) = 0\,\text{C}$ として積分定数も決定せよ。ただし，$I_{\max}$, ω, R, V_0, C はすべて定数である。

(1)　$i(t) = I_{\max} \cos \omega t$　　　(2)　$i(t) = \dfrac{V_0}{R} e^{-\frac{1}{CR}t}$

【4.2】 加速度が a [m/s^2] で一定，初速度 v_0 [m/s]，初期位置 x_0 [m] の等加速度直線運動を考える。次の積分を行って，時刻 t [s] での位置 $x(t)$ [m] を求めよ。

$$x(t) = x_0 + \int_{0\,\text{s}}^{t} v(t') \, dt' \quad \text{ただし，} \quad v(t) = v_0 + \int_{0\,\text{s}}^{t} a \, dt'$$

【4.3】 図 4.15 を利用して，半径 R [m] の球の体積を求めよ。

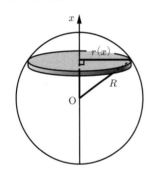

図 4.15　球 の 体 積

球の中心を原点とする x 軸をとり，場所ごとの断面積 $S = \pi r^2$ を x の関数として求めて，区分求積する（$r(x)$ と x の関係を求めるには三平方の定理を利用する）。

【4.4】 練習問題 4.5 は，全波整流回路で整流された電圧波形の平均値を求める問題であった。
これに対して，より単純な仕組みでできる半波整流回路という回路がある†。半波整流波形（図 4.16）に対して，$v(t)$ の平均値 $\bar{v}$ を求めよ。

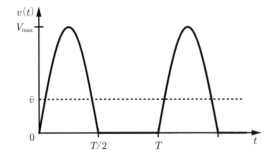

図 4.16　半波整流の平均値

ダイオードを使って交流電圧の正成分だけを利用するが，sin の値が負になる領域では $v(t) = 0\,\text{V}$ となっている。
積分範囲を二つに分け，1 周期分の積分を行うこと。

---

† 通常，全波整流回路がダイオード 4 個で組まれるのに対し，半波整流回路はダイオード 1 個で組める。図 4.6 と図 4.16 を見比べればわかるように（仕組みに工夫がない分）半波整流回路の方が効率は悪い。興味がある読者は，「整流回路」，「ダイオードブリッジ」などをキーワードに電気電子系の教科書を参照するとよい。

【4.5】 LCR の直列回路に電流 $i(t)$ が流れている（図 4.17）。
(1) 回路全体の電圧 $v_全(t) = v_L(t) + v_C(t) + v_R(t)$ を $i(t)$ の微分や積分を使って表せ。
(2) $i(t) = I_{\max} \sin \omega t$ の場合，$v_全(t) = V_{\max} \sin(\omega t + \theta)$ となることを示せ。
ただし，（初期電荷に関連して決まるはずの）積分定数は無視してよい。

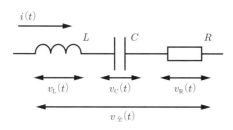

図 4.17 LCR 直列回路
三つの受動素子がすべて出そろった回路。「共振」などの面白い性質を示すが，ここでは触れない。

【4.6】 密度一様な棒を回転させる場合を参考に，図 4.18 のような半径 R [m]，質量 M [kg] の円盤を，面に垂直な中心軸の回りに回転させる場合の回転モーメントが $I = 1/2 \cdot MR^2$ [kg m^2] となることを示せ。ただし，厚み，密度とも一定としてよい。

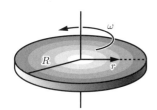

図 4.18 円盤の回転
この物体は回転対称形なので，中心軸からの距離 r によって何層もの円環に分割してやると扱いやすい。
幅 δr の薄い円環の持つ運動エネルギー δK を求め，区分求積を行う。

5 積分の技法

5.1 部分積分

本書では積分のテクニックには主眼を置かないように努めるが，比較的簡単なわりに応用範囲の広い二つのテクニック，「部分積分」と「変数変換」だけは紹介しておこう。

> **部分積分**
> $$\int f(x) \cdot g(x) \ \mathrm{d}x = f(x) \int g(x) \ \mathrm{d}x - \int \frac{\mathrm{d}f(x)}{\mathrm{d}x} \left(\int g(x) \ \mathrm{d}x \right) \mathrm{d}x \tag{5.1}$$

証明

関数どうしの積の微分（式 (1.18)）によれば

$$\frac{\mathrm{d}}{\mathrm{d}x}\Big(f(x) \cdot G(x)\Big) = \frac{\mathrm{d}f(x)}{\mathrm{d}x} \cdot G(x) + f(x) \cdot \frac{\mathrm{d}G(x)}{\mathrm{d}x}$$

である（$G(x)$ が大文字なのは後の都合）。積分してから移項すれば

$$\int f(x) \cdot \frac{\mathrm{d}G(x)}{\mathrm{d}x} \ \mathrm{d}x = f(x) \cdot G(x) - \int \frac{\mathrm{d}f(x)}{\mathrm{d}x} \cdot G(x) \ \mathrm{d}x$$

が得られる。最後に $G(x) = \int g(x) \ \mathrm{d}x$, $\mathrm{d}G/\mathrm{d}x = g(x)$ と書き換えれば式 (5.1) が得られる。

しかし，式 (5.1) の右辺は必ずしも簡単とは思えないことに注意しよう。$g(x)$ を積分した関数 $G(x)$ は $g(x)$ より複雑な形になる場合が多く，まして $\mathrm{d}f/\mathrm{d}x$ との積，$\mathrm{d}f/\mathrm{d}x \cdot G(x)$ が積分しやすい形であるという保証はどこにもない。部分積分は，下手をするとかえって問題を

5.1 部 分 積 分

難しくしてしまうだけの変形になりかねないので，使いどころをよく選ばなくてはならない。

式 (5.1) を使う価値があるのは「$f(x)$ は微分しやすい」，「$g(x)$ は積分しやすい」，「$\mathrm{d}f/\mathrm{d}x \cdot G(x)$ も積分しやすい」という三つの条件が揃っている必要があり，特に最後の条件は満たされにくいので注意が必要である。

> 練習問題 5.1
>
> 次の積分を，部分積分により実行せよ。
> (1) $\displaystyle\int x\mathrm{e}^x \, \mathrm{d}x$ 　　 (2) $\displaystyle\int x\sin x \, \mathrm{d}x$

式 (5.1) の右辺第二項の積分に，さらに部分積分を行ってもよい。

> 練習問題 5.2
>
> 次の積分を，部分積分を繰り返すことで求めよ。
> (1) $\displaystyle\int x^2\cos x \, \mathrm{d}x$ 　 (2) $\displaystyle\int x^2\sin x \, \mathrm{d}x$ 　 (3) $\displaystyle\int x^2\mathrm{e}^x \, \mathrm{d}x$ 　 (4) $\displaystyle\int x^n\mathrm{e}^x \, \mathrm{d}x$

部分積分をした結果，必ずしも右辺が**簡単**になっていかなくてもよい場合がある。これはかなりアクロバティックなテクニックなので，例題 5.1 を注意深く見てもらいたい。

例題 5.1

次の積分を部分積分により実行せよ。

$$\int \mathrm{e}^x \cos x \, \mathrm{d}x$$

解答

まず，e^x は積分してもそのままであることに目をつけ，e^x を積分，$\cos x$ を微分する形の部分積分を 2 回行う。

$$\begin{aligned}
\int \mathrm{e}^x \cos x \, \mathrm{d}x &= \mathrm{e}^x \cos x - \int \mathrm{e}^x (-\sin x) \, \mathrm{d}x \\
&= \mathrm{e}^x \cos x - \left(\mathrm{e}^x(-\sin x) - \int \mathrm{e}^x (-\cos x) \, \mathrm{d}x \right) \\
&= \mathrm{e}^x \cos x + \mathrm{e}^x \sin x - \int \mathrm{e}^x \cos x \, \mathrm{d}x
\end{aligned}$$

この右辺第 3 項は左辺と同じ形であり，「右辺の計算ができる位なら最初から悩まないよ」といって，諦めたくなるところである。が，しかし，**右辺第 3 項は左辺に移項可能**なのである。

$$2\int e^x \cos x \ dx = e^x \cos x + e^x \sin x + C$$
$$\int e^x \cos x \ dx = \frac{1}{2}\left(e^x \cos x + e^x \sin x\right) + C' \tag{5.2}$$

普通,「計算をする」という行為は「複雑な形の左辺」を「単純な形の右辺」へと変形して行くのが基本的な方針であるが,ここでは右辺に再び「複雑な形の項」が現れ,「元の木阿弥と思いきや…」というところが非常に面白い。

練習問題 5.3

同様に,次の積分を実行せよ。
(1) $\displaystyle\int e^x \sin x \ dx$
(2) $\displaystyle\int \sin x \cdot \cos x \ dx$ 　　(部分積分は 1 回だけ)

5.2 変 数 変 換

前節では積の微分を基にした積分,部分積分を見たが,本節では合成関数の微分を基にする積分公式を見てみよう。

積分の変数変換（置換積分）

$$\int f\bigl(g(x)\bigr) \cdot \frac{dg}{dx} \ dx = \int f(g) \ dg \tag{5.3}$$

なお,定積分の場合は初期条件,終条件の書換えに気を配る必要がある。

$$\int_a^b f\bigl(g(x)\bigr) \cdot \frac{dg}{dx} \ dx = \int_{g_a}^{g_b} f(g) \ dg \tag{5.4}$$

ただし $g_a = g(a)$, $g_b = g(b)$。

実際には,やや強引な以下のような表記法も使いやすい。

$$式(5.4) = \int_{x=a}^{x=b} f(g) \ dg$$

証明

合成関数の微分（式 (1.19)）によれば

$$\frac{\mathrm{d}F\bigl(g(x)\bigr)}{\mathrm{d}x} = \frac{\mathrm{d}F(g)}{\mathrm{d}g} \cdot \frac{\mathrm{d}g(x)}{\mathrm{d}x}$$

である（F が大文字なのは後の都合）。両辺を x で積分すれば

$$F\bigl(g(x)\bigr) + C = \int \frac{\mathrm{d}F(g)}{\mathrm{d}g} \cdot \frac{\mathrm{d}g(x)}{\mathrm{d}x} \, \mathrm{d}x$$

を得るので、改めて

$$f(g) = \frac{\mathrm{d}F(g)}{\mathrm{d}g} \quad \longleftrightarrow \quad F(g) = \int f(g) \, \mathrm{d}g$$

とすると、式 (5.3) を得る（両辺に積分記号があるので積分定数 C は省略可能）。

合成関数の微分のときと同様に、ここでも

$$\int f\bigl(g(x)\bigr) \cdot \frac{\mathrm{d}g}{\not{\mathrm{d}x}} \, \not{\mathrm{d}x} = \int f(g) \, \mathrm{d}g$$

と「約分」のように**見える**ことを強調しておこう。

練習問題 5.4

(1) $f(g) = g$, $g(x) = \sin x$ として次の積分を実行せよ。

$$\int \sin x \cdot \cos x \, \mathrm{d}x$$

(2) 同じ積分を、今度は $g(x) = \cos x$ として実行せよ。

（この積分は練習問題 5.3 の (2) でも計算している。もちろん、結果は一致するはずだ。見かけが違う結果が得られたら、積分定数の自由度に注意して変形させてみよう。）

この手法も部分積分と同様、「あちらを立てればこちらが立たず」的な難しさがあるので、個別の問題に対するテクニック的な色合いが強い。しかし、実用上、非常に広範囲な応用ができるパターンもある。それは、$g(x) = ax + b$ の形のときである。

積分の変数変換（簡略バージョン）

特に、$g(x) = ax + b$ のとき

$$\int f(ax + b) \, \mathrm{d}x = \frac{1}{a} \int f(ax + b) \, \mathrm{d}(ax + b) \tag{5.5}$$

定積分の場合の条件表記は式 (5.4) と同じ。

これは式 (1.21) に対応した積分であり，式 (4.2)〜(4.4) から式 (4.9)〜(4.11) を求めるときなど実用上の意義が非常に高い。

5.3　$\sin^2 x, \cos^2 x$ の積分

$\sin x \cdot \cos x$ の積分は部分積分，変数変換のいずれの方法でも求められた。気をよくして，「似たようなもの」に見える

$$\int \sin^2 x \ dx = \int \sin x \cdot \sin x \ dx$$

にも挑戦してみよう。

しかし，この積分はそう簡単ではない。このように被積分関数が少し変わっただけで，途端に以前の方法が通用しなくなり，まったく異なった方法を探し出さなくてはならないというのは積分につきものの難しさである（その点，微分ははるかに簡単だ）。

ここでは三角関数の半角の公式を用いる解法をとろう。

例題 5.2

$$\int \sin^2 x \ dx$$

の積分を実行せよ。

解答

　半角の公式（付録 A.2.3 の式 (A.14)）によれば

$$\sin^2 x = \frac{1 - \cos 2x}{2}$$

であるので

$$\begin{aligned}
\int \sin^2 x \ dx &= \int \frac{1 - \cos 2x}{2} \ dx \\
&= \int \frac{1}{2} \ dx - \int \frac{1}{2} \cos 2x \ dx \\
&= \frac{1}{2} x - \frac{1}{4} \sin 2x + C
\end{aligned} \quad (5.6)$$

となる。

練習問題 5.5

同様に式 (A.13) を用いて次の積分を実行せよ。
$$\int \cos^2 x \ \mathrm{d}x$$

練習問題 5.6

電圧 $v(t)$ 〔V〕が時間変化し，$v(t) = V_{\max} \sin \omega t$ で表されるとする。ただし，$V_{\max}$ 〔V〕は電圧の最大値，角周波数 ω 〔rad/s〕は $\omega = 2\pi/T$ である（T 〔s〕は周期)[†1]。

この電圧を抵抗 R 〔Ω〕にかけると，電流 $i(t)$ 〔A〕，電力 $p(t)$ 〔W〕も時間変化し

$$i(t) = \frac{v(t)}{R} \quad \text{より} \quad p(t) = i(t) \cdot v(t) = \frac{v(t)^2}{R}$$

となる。

(1) 1 周期にわたる電力の平均
$$\overline{p} = \frac{1}{T} \int_{0\,\mathrm{s}}^{T} p(t) \ \mathrm{d}t \quad \text{〔W〕}$$
を求めよ。

(2) 同じ抵抗に一定の電圧 $V_\text{実}$〔V〕をかけて，平均電力 $\overline{p}$ と同じだけの発熱をさせるためには $V_\text{実}$ をいくらにしたらよいか？

交流電力の計算に関する限り，$V_\text{実}$ は「その交流電圧が，どの位の直流電圧に相当するか」を表す量として使用できる。この量を**電圧実効値**と呼び，同様に定義された**電流実効値** $I_\text{実}$ 〔A〕とともに非常によく使われる[†2]。

また，実効値 $V_\text{実}$ には，$v(t)$ の「ある種の平均」という意味もある。

練習問題 5.7

練習問題 5.6 の $v(t)$ に対して，平均的な値の見当をつけたい。次の二つの量を計算せよ[†3]。

(1) $\quad \overline{v} = \dfrac{1}{T} \displaystyle\int_{0\,\mathrm{s}}^{T} v(t) \ \mathrm{d}t \qquad$ (2) $\quad \sqrt{\overline{v^2}} = \sqrt{\dfrac{1}{T} \displaystyle\int_{0\,\mathrm{s}}^{T} v(t)^2 \ \mathrm{d}t}$

[†1] 周期 T 〔s〕は周波数 f 〔Hz〕の逆数で，商用交流の場合，東日本では $(1/50)$ s，西日本では $(1/60)$ s となっている。

[†2] effective の頭文字を取って V_e や V_eff とすることが多いが，ただ V とだけ書いて電圧実効値を表す人もいる。本書ではおもに $V_\text{実}$ という表記を使う。「100 V 交流」という場合の 100 V は電圧実効値であって $V_{\max}$ はもっと大きい。

[†3] 統計操作に慣れた読者は，(2) の計算が「標準偏差」あるいは「2 次のモーメント」と呼ばれる量と同じ意味合いを持っていることに気付くだろう。

時間によって変動する交流電圧や交流電流を表すのに，時間平均をとるのは一見もっともらしいが，sin や cos の平均値は単に 0 になってしまうため，ただの時間平均ではなにも表せない。また，2 乗平均のままでは単位が合わなくなってしまうので，そのルートをとる必要がある。

5.4 直交定理

$\int \sin^2 x \, \mathrm{d}x$, $\int \cos^2 x \, \mathrm{d}x$, $\int \sin x \cos x \, \mathrm{d}x$ の積分ができたところで次の定理を証明しよう。

三角関数の直交定理

1以上の自然数 m, n に対して

$$\int_0^{2\pi} \sin mx \cdot \sin nx \, \mathrm{d}x = \pi \cdot \delta_{mn} \tag{5.7}$$

$$\int_0^{2\pi} \cos mx \cdot \cos nx \, \mathrm{d}x = \pi \cdot \delta_{mn} \tag{5.8}$$

$$\int_0^{2\pi} \sin mx \cdot \cos nx \, \mathrm{d}x = 0 \tag{5.9}$$

となる。ただし，δ_{mn} はクロネッカーの δ 記号と呼ばれ

$$\delta_{mn} = \begin{cases} 1 & : \quad (m = n) \\ 0 & : \quad (m \neq n) \end{cases}$$

となる，一種の判定記号である。

証明

まず，式 (5.7) の $m = n$ の場合を証明する。半角の公式（付録 A.2.3 の式 (A.14)）を使い

$$\begin{aligned}
\int_0^{2\pi} \sin mx \cdot \sin nx \, \mathrm{d}x &= \int_0^{2\pi} \sin^2 mx \, \mathrm{d}x \\
&= \int_0^{2\pi} \frac{1 - \cos 2mx}{2} \, \mathrm{d}x \\
&= \left[\frac{x}{2} - \frac{\sin 2mx}{4m} \right]_0^{2\pi} \\
&= [\pi - 0] - [0 - 0] \\
&= \pi
\end{aligned}$$

次に $n \neq m$ の場合を三角関数の和と積の公式（付録 A.2.5 の式 (A.22)）を使って証明する。

5.4 直交定理

$$\begin{aligned}
\int_0^{2\pi} \sin mx \cdot \sin nx \; \mathrm{d}x &= \int_0^{2\pi} \frac{\cos(mx-nx) - \cos(mx+nx)}{2} \; \mathrm{d}x \\
&= \frac{1}{2} \int_0^{2\pi} \cos(m-n)x - \cos(m+n)x \; \mathrm{d}x \\
&= \frac{1}{2} \left(\left[\frac{\sin(m-n)x}{m-n} \right]_0^{2\pi} - \left[\frac{\sin(m+n)x}{m+n} \right]_0^{2\pi} \right) \\
&= [0-0] - [0-0] \\
&= 0
\end{aligned}$$

途中,$m-n \neq 0$ なので $1/(m-n)$ の割算で分母が 0 になる心配はない。また,m, n が自然数なので

$$\sin 2\pi(m-n) = \sin 0 = 0$$
$$\sin 2\pi(m+n) = \sin 0 = 0$$

となっている。

練習問題 5.8

同様に式 (5.8),(5.9) を証明せよ。

この定理は今のところ,「ちょっと面白い積分の練習問題」と思っておいてもらって構わないが,9 章にも登場し,重要な意味を持っている。ここでは「直交定理」という名前が与えられている理由くらいは納得しておきたい。ベクトルの内積を思い出してみよう。

ベクトルの直交

x, y, z 方向で大きさ 1 の単位ベクトルを $\mathbf{e}_1$, $\mathbf{e}_2$, $\mathbf{e}_3$,内積の記号を「$\cdot$」とすると(高校数学ではベクトルを $\vec{e}$ のように矢印で書くが,通常はこのように太字を使う)

$$\mathbf{e}_m \cdot \mathbf{e}_n = \delta_{mn}$$

である。
特に $\mathbf{e}_m \cdot \mathbf{e}_n = 0$ のとき,「二つのベクトルは直交している」という。

証明 略

これと比較すれば，確かに式 (5.7)〜(5.9) が「直交定理」という名前を付けるに相応しい式であると理解できるであろう。

「異なる相手との積は 0 だが，自分自身との積は 0 ではない」[†] という性質は，一般に「直交」と呼ばれる。

練習問題 5.9

$$f(x) = \sin x + \frac{1}{2}\sin 2x + \frac{1}{3}\sin 3x$$

のとき，次の積分を行え。

(1) $\int_0^{2\pi} f(x) \times \sin x \ dx$ (2) $\int_0^{2\pi} f(x) \times \sin 2x \ dx$

(3) $\int_0^{2\pi} f(x) \times \sin 3x \ dx$

章 末 問 題

【5.1】
$$\int \frac{x}{(x+1)^3} \ dx$$

を計算せよ。（ヒント: $x \times (x+1)^{-3}$ と分解すると…）
得られた結果を微分して，確かめ算も行っておくこと。

【5.2】 図 5.1 を使って，半径 R の円の面積 S を求めたい。$x = R\cos\theta$ とし

$$\frac{1}{4}S = \int_{x=0}^{x=R} \sqrt{R^2 - x^2} \ dx = \int_{\theta=\pi/2}^{\theta=0} \sqrt{R^2 - (R\cos\theta)^2} \ \frac{dx}{d\theta} \ d\theta$$

を計算して S を求めよ。

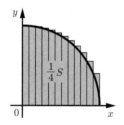

図 5.1 四分円の面積

$x^2 + y^2 = R^2$ なので，$y = \sqrt{R^2 - x^2}$ とできる。正負の問題を避けるため，1/4 円の面積を求めてから 4 倍すれば $S = \pi R^2$ が導ける。

[†] 今回は自分自身との積が π となっているが，1 であるともっとよい（正規直交）。

【5.3】 コイルの基本式は
$$v_L(t) = L\frac{di(t)}{dt}$$
である。ここで t から i へ変数変換すれば，$i(t)$ の具体的な形はわからなくとも
$$U_L = \int_{t_0}^{t_1} i(t) \cdot v_L(t)\ dt$$
は求められる．U_L を求めよ．ただし，L は定数であり，$i(t_0) = 0\,\mathrm{A}$, $i(t_1) = I$ とせよ．

【5.4】 $f(x)$ を，いくつかの sin と cos の和により
$$\begin{aligned}f(x) =\ & \cos x + 2\cos 2x + 3\cos 3x \\ & + \sin x + \frac{1}{2}\sin 2x + \frac{1}{3}\sin 3x\end{aligned}$$
と作られた関数とする．次の積分を行え．

(1) $\displaystyle\int_0^{2\pi} f(x) \times \sin 2x\ dx$ 　　(2) $\displaystyle\int_0^{2\pi} f(x) \times \cos 3x\ dx$

（ここで行われたような行為を，口語的に「要らない成分を削ぎ落とす」とか，「～を潰す」，「～を殺す」という[†]。）

【5.5】 練習問題 5.6 の場合では抵抗器での交流電力を考えたが，コンデンサやコイルも使った回路では，全電圧 $v(t) = V_{\max}\sin\omega t\,[\mathrm{V}]$ に対して，電流が $i(t) = I_{\max}\sin\omega t\,[\mathrm{A}]$ となるとは限らず，一般に，$i(t) = I_{\max}\sin(\omega t + \theta)$ と表される（電圧と電流に位相差がある）．

この場合も電力の平均値は
$$\bar{p} = \frac{1}{T}\int_{0\,\mathrm{s}}^{T} i(t) \cdot v(t)\ dt \quad [\mathrm{W}]$$
で定まる．ただし，例によって $T = 2\pi/\omega\,[\mathrm{s}]$ である．

(1) 積分計算を実行して $\bar{p}$ を求めよ．
　　　　　　　　　　　　　　　　　　　　　　（ヒント：$\sin(\omega t + \theta)$ に加法定理を使う．）

(2) (1) の結果を，電圧実効値 $V_{実}\,[\mathrm{V}]$，電流実効値 $I_{実}\,[\mathrm{A}]$ を使って
$$\bar{p} = I_{実}V_{実} \times \alpha \tag{5.10}$$
の形に書き換えたい．α を求めよ．

この α は「力率」と呼ばれる量で，交流回路の見かけの電力と本当の電力の比となっている．練習問題 5.6 では $\bar{p} = I_{実}V_{実}$，すなわち，$\alpha = 1$ だったので，抵抗だけの回路なら効率は 100％ であったとみなせる．

[†] お堅い用語では「射影をとる」という．

6 微分方程式1

6.1 微分方程式とは

$(x+1)^2 = x^2 + 2x + 1$ のように，x の値に関わらずつねに成り立つ式を「恒等式」と呼ぶのに対し，$x+1 = 5$ のように x が特定の値（$x = 4$）の場合にしか成り立たない式を「方程式」という。そして大概の場合，方程式が示されたら，次はその解，すなわち方程式を成り立たす特定の x の値を求めるという作業が待っている。

ところで

$$\frac{\mathrm{d}\bigl(f(x)\bigr)^2}{\mathrm{d}x} = 2f(x) \cdot \frac{\mathrm{d}f(x)}{\mathrm{d}x}$$

のような式は関数 $f(x)$ がいかなる関数であっても成り立つ[†]ので，「恒等的に成り立つ」という。一方

$$\frac{\mathrm{d}f(x)}{\mathrm{d}x} = 2x$$

という式は $f(x) = x^2 + C$ の場合にしか成り立たない。このように「$f(x)$ が特定の**関数**の場合にしか成り立たない微分式」を**微分方程式**という。通常いう「方程式を解く」とは「式を成り立たせる変数の値を探し出すこと」であるが，「微分方程式を解く」といった場合は「式を成り立たせる関数の**関数形を探し出すこと**」であり，大抵の場合大変に難しい。

例えば，不定積分は「与えられた $f(x)$ に対して，$\mathrm{d}F/\mathrm{d}x = f(x)$ を成り立たせる $F(x)$ を探し出す」ということであるから，最も単純な微分方程式だといってもよいが，それでも「たまたま答えを知ってる」場合以外はほとんど解けない。

本章では，多くの微分方程式とその解法を取り上げて色々な解法の習得を目的にするのではなく，実用上重要な微分方程式だけを取り上げて微分方程式の利用法を理解してゆくことにしよう。

[†] 正確には「$f(x)$ の微分が定義されない場合」などは除いておく。

6.2　簡単な微分方程式と初期条件

例題 6.1

次の微分方程式を解け。
$$\frac{\mathrm{d}f(x)}{\mathrm{d}x} = -af(x) \tag{6.1}$$

解答

われわれは「微分しても元通り」な関数を「たまたま」知っている。3.4節で見たように
$$\frac{\mathrm{d}Ae^{-ax}}{\mathrm{d}x} = -a(Ae^{-ax})$$
であるのだから
$$f(x) = Ae^{-ax}$$
を式 (6.1) の一般解としてよい。

定数 A は 4.1.1 項で見た積分定数を起源とする定数で，式 (6.1) からだけでは決定できない。

普通，一階の微分方程式は一階の積分問題に置き換えられ，必然的に一つの任意定数を含む。逆に任意定数の個数が一つなら，その微分方程式の**一般解**が解けたとしてよい[†1]。

さて，この決定不可能な定数 A はなにを意味するのか考えてみよう。

$x = 0$ に対する $f(0)$ をなにか一つ適当に決めると，式 (6.1) が $\mathrm{d}f/\mathrm{d}x|_{x=0}$ の値を与えてくれるので，$f(\delta x) \simeq f(0) + \mathrm{d}f/\mathrm{d}x \cdot \delta x$ により，$f(\delta x)$ の値が決まり，同様に $f(\delta x + \delta x)$ の値が決まり… と，結局，全領域で関数 $f(x)$ が決まるはずである。つまり，いかなる $f(0)$ を与えても，式 (6.1) に合致する関数 $f(x)$ を求められるので，そもそも式 (6.1) だけでは，関数 $f(x)$ を一つに決定するのは不可能だったのである。

いわば，微分方程式 (6.1) はルールを与えているだけであり，最初の出発点を別に指定しなければ完全な答えは決まらないというわけである。この，出発点を指定することを「初期条件を与える」というが，必ずしも初期 ($x = 0$) の値を与えるとは限らない[†2]。

[†1] 次節で述べるように，「一般解が複数種類ある」という（いささかイカサマ的な）場合もある。したがって，この表現は，正しくは「線型微分方程式では」という条件をつけなくてはならない。
また，任意定数をどのように選んでも一般解の形式では表せない「特異解」と呼ばれる解もあるが，一般に，任意定数を調整しても初期条件を満たすようにはできないので，大抵の場合は問題にならない。

[†2] 正しくは，初期状態の条件 $f(x_0), \mathrm{d}f/\mathrm{d}x|_{x_0}, \ldots$ を与える場合を初期条件といい，領域の両端の条件 $f(x_a), f(x_b), \mathrm{d}f/\mathrm{d}x|_{x_a}, \mathrm{d}f/\mathrm{d}x|_{x_b}, \ldots$ （のうちのいくつか）を与える場合を境界条件という。

6. 微分方程式 1

一般に，一階微分方程式には一つの，二階微分方程式には二つの，初期条件を与えなければ解の関数形を一つに決定することはできない。初期条件なしでは，（階数と同じだけの）任意定数が含まれた一般解しか求まらない。

練習問題 6.1

次の微分方程式を解け。

(1) $\dfrac{\mathrm{d}f(x)}{\mathrm{d}x} = f(x)$ ただし，$f(0) = -2$

(2) $\dfrac{\mathrm{d}f(x)}{\mathrm{d}x} = 3f(x)$ ただし，$f(1) = -1$

(3) $\dfrac{\mathrm{d}f(x)}{\mathrm{d}x} = -f(x)$ ただし，$\left.\dfrac{\mathrm{d}f(x)}{\mathrm{d}x}\right|_{x=0} = 1$

例題 6.2

次の微分方程式を解け。

$$\frac{\mathrm{d}^2 f(x)}{\mathrm{d}x^2} = -f(x) \tag{6.2}$$

解答 1

われわれは以前（式 (1.34)）

$$f_1(x) = A_1 \sin x + B_1 \cos x \tag{6.3}$$

が式 (6.2) を満たすことを見た。かつ，この解は二階微分方程式に対して二つの任意定数を持つので一般解としてよい。

解答 2

式 (1.37a) において $\omega = 1$ とすれば

$$f_2(x) = A_2 \sin(x + \theta_2) \tag{6.4}$$

も一般解であるとわかる。

解答 3

同様に，式 (1.37b) より

$$f_2(x) = A_3 \cos(x + \theta_3) \tag{6.5}$$

も，一般解であるとわかる。

実際，式 (6.3)〜(6.5) はすべて，式 (6.2) の解である。

これらは異なる形式で表現されているので戸惑うかもしれないが，三角関数の諸性質（付録 A.2 の式 (A.11), (A.20)）により変形可能で，すべて同じ関数である[†]。

練習問題 6.2

次の微分方程式を解け。

(1) $\dfrac{d^2 f(x)}{dx^2} = -f(x)$　　ただし, $f(0) = 1$, $\left.\dfrac{df(x)}{dx}\right|_{x=0} = 0$

(2) $\dfrac{d^2 f(x)}{dx^2} = -a^2 f(x)$　　ただし, $f(0) = 0$, $\left.\dfrac{df(x)}{dx}\right|_{x=0} = aA$

(3) $\dfrac{d^2 f(x)}{dx^2} = -f(x)$　　ただし, $f(0) = \dfrac{1}{\sqrt{2}}$, $\left.\dfrac{df(x)}{dx}\right|_{x=0} = \dfrac{1}{\sqrt{2}}$

6.3　線形微分方程式と重ね合わせの原理

ところで，式 (6.3) が式 (6.2) の一般解であるという事実には一見して感じるよりも重要な意味がある。

われわれが「式 (6.2) を満たす関数を（たまたま）知っている」といった場合，最初に思い出すのは恐らく，$\sin x$ と $\cos x$ の二つであろう。そして，その二つの関数のそれぞれに適当な係数を掛けて加えることで（任意定数を二つ持った）一般解が作れるということは，今回だけに限らず，もっと多くの場合に利用できる一般的な解法を与えてくれる。

これを**重ね合わせの原理**と呼ぶが，残念ながらすべての微分方程式に重ね合わせの原理が使えるわけではない。

練習問題 6.3

次の各微分方程式に，$f_1(x) = e^x$, $f_2(x) = e^{-x}$, およびその和 $f_3(x) = f_1(x) + f_2(x)$ を代入し，それらが微分方程式の解となっているか否かを確認せよ。また，$f_1(x)$ と $f_2(x)$ の線形結合 $f_4(x) = Af_1(x) + Bf_2(x)$ についてはどうか？

(1) $\dfrac{d^2 f(x)}{dx^2} - f(x) = 0$　　(2) $f(x) \cdot \dfrac{d^2 f(x)}{dx^2} = \left(\dfrac{df(x)}{dx}\right)^2$

(3) $\left(f(x)\right)^2 - \left(\dfrac{df(x)}{dx}\right)^2 = 0$

[†] 例えば，適当な初期条件によって，$f(x) = \sin x$ と定まったとする。この解は「式 (6.3) で $A_1 = 1$, $B_1 = 0$ にした」といってもよいし，「式 (6.4) で $A_2 = 1$, $\theta_2 = 0$ とした」といっても，「式 (6.5) で $A_3 = 1$, $\theta_3 = -\pi/2$ とした」といってもよい。

実際に試してみると，練習問題 6.3 で重ね合わせができるのは (1) だけで，(2), (3) では $\bm{f_1} \times \bm{f_2}$ や $\mathrm{d}\bm{f_1}/\mathrm{d}\bm{x} \times \mathrm{d}\bm{f_2}/\mathrm{d}\bm{x}$ などの項が処理できず，$f_3(x)$ や $f_4(x)$ は解にはならないとわかる。

邪魔者は燻り出せた！$\bm{f^2}$ や $(\mathrm{d}\bm{f}/\mathrm{d}\bm{x})^2$ の入っている微分方程式には重ね合わせはできない。もちろん，$1/f$ や $(\mathrm{d}f/\mathrm{d}x)^3$, e^f も駄目だ。

では，どのような式が考えられるか？それは f, $\mathrm{d}f/\mathrm{d}x$, ... について 1 次の式である。例えば，$p_0, p_1, \ldots, p_n$ を定数とした n 階微分方程式

$$p_n \frac{\mathrm{d}^n f(x)}{\mathrm{d}x^n} + \cdots + p_1 \frac{\mathrm{d}f(x)}{\mathrm{d}x} + p_0 f(x) = 0 \tag{6.6}$$

である。

例題 6.3

微分方程式 (6.6) に重ね合わせの原理が成り立つことを示せ。

解答

適当な関数 $g(x)$, $h(x)$ が微分方程式 (6.6) を満たすとする。すなわち

$$p_n \frac{\mathrm{d}^n g(x)}{\mathrm{d}x^n} + \cdots + p_1 \frac{\mathrm{d}g(x)}{\mathrm{d}x} + p_0 g(x) = 0$$

$$p_n \frac{\mathrm{d}^n h(x)}{\mathrm{d}x^n} + \cdots + p_1 \frac{\mathrm{d}h(x)}{\mathrm{d}x} + p_0 h(x) = 0$$

であるとき，$f(x) = Ag(x) + Bh(x)$ を考えると

$$p_n \frac{\mathrm{d}^n f(x)}{\mathrm{d}x^n} + \cdots + p_1 \frac{\mathrm{d}f(x)}{\mathrm{d}x} + p_0 f(x)$$

$$= p_n \frac{\mathrm{d}^n Ag(x) + Bh(x)}{\mathrm{d}x^n} + \cdots + p_0 \left(Ag(x) + Bh(x)\right)$$

$$= Ap_n \frac{\mathrm{d}^n g(x)}{\mathrm{d}x^n} + Bp_n \frac{\mathrm{d}^n h(x)}{\mathrm{d}x^n} + \cdots$$

$$\cdots + Ap_0 g(x) + Bp_0 h(x)$$

$$= A\left(p_n \frac{\mathrm{d}^n g(x)}{\mathrm{d}x^n} + \cdots + p_1 \frac{\mathrm{d}g(x)}{\mathrm{d}x} + p_0 g(x)\right)$$

$$+ B\left(p_n \frac{\mathrm{d}^n h(x)}{\mathrm{d}x^n} + \cdots + p_1 \frac{\mathrm{d}h(x)}{\mathrm{d}x} + p_0 h(x)\right)$$

$$= 0 + 0$$

となり，式 (6.6) を満たす。

ここで本質的に重要な働きをしているのは，微分が（積分も）線形的な演算であるという事実，つまり，（式 (1.17) で見たように）定数 A, B に対して

$$\frac{\mathrm{d}Af(x)+Bg(x)}{\mathrm{d}x} = A\frac{\mathrm{d}f(x)}{\mathrm{d}x} + B\frac{\mathrm{d}g(x)}{\mathrm{d}x}$$

がいえていることである。

ところで，式 (6.6) で，各 p を定数とした制限はじつは必要ない。一般に，各 p は x の関数であってもよく（f の関数でさえなければよい），重ね合わせの原理は以下のように表現される。

重ね合わせの原理

$$p_n(x)\frac{\mathrm{d}^n f(x)}{\mathrm{d}x^n} + \cdots + p_1(x)\frac{\mathrm{d}f(x)}{\mathrm{d}x} + p_0(x)f(x) = q(x) \tag{6.7}$$

の形の微分方程式を**線形微分方程式**と呼ぶ[†1]。

特に $q(x) = 0$ とした場合

$$p_n(x)\frac{\mathrm{d}^n f(x)}{\mathrm{d}x^n} + \cdots + p_1(x)\frac{\mathrm{d}f(x)}{\mathrm{d}x} + p_0(x)f(x) = 0 \tag{6.8}$$

を式 (6.7) の「**斉次形**」[†2] と呼び，適当な関数 $f(x)$，$g(x)$ が式 (6.8) を満たすなら，それらの線形結合 $Af(x) + Bg(x)$ もまた，式 (6.8) を満たす。

ゆえに，n 階の線形微分方程式斉次形に対して（たまたま知っていたでもなんでも）n 種類の**独立**な解 $f_1(x), f_2(x), \ldots, f_n(x)$ を見つけたら，一般解はそれらの線形結合

$$f(x) = A_1 f_1(x) + A_2 f_2(x) + \cdots + A_n f_n(x) \tag{6.9}$$

であるとしてよい。

証明　略

非斉次形（$q(x) \neq 0$ の場合）の微分方程式の一般解を求める場合にも，足掛かりとして斉次形の一般解を利用できるため，線形微分方程式を解く場合は，まず $q(x) = 0$ として，斉次形の一般解を求めておくのが常道である。

[†1] 普通，全体を $p_n(x)$ で割って，$\mathrm{d}^n f/\mathrm{d}x^n$ の係数が 1 となるように書く。
　　また，「線形」という用語は比例的，1 次式という意味であり 0 次項である $q(x)$ は元々入れておかなければよい，という見方もあるが，「1 次式」は 0 次項も含むものだし，$ax+b$ の形の変化を「（変化分については）比例的」といってしまうこともあるので，仕方ない。

[†2] 「同次形」と呼ぶ人もいるが，「同次形方程式」には別の定義があり，ネーミングの混乱が見られる。まぁ，なんという名前で呼ぼうが，式 (6.8) の形の微分方程式に重ね合わせの原理が使えることに変わりはない。

6.4 微分方程式で表現される物理現象

力学の基本式である，ニュートンの運動方程式 $F = ma$ の加速度 a [m/s^2] は速度 v [m/s] の微分であり，位置 x [m] の二階微分である。したがって，力学の問題は本質的に二階微分方程式で表されていることになる。本節では微分方程式を解いて物理現象を解析する様子を，比較的簡単かつ重要な具体例で見てゆこう。

例題 6.4

図 6.1 のように，摩擦の無視できる床の上で，バネ定数 k [N/m] のバネに質量 m [kg] の錘を取り付け，あらかじめ $X_{\max}$ [m] だけ引っ張っておいてから，そっと手を離す。自然長の位置を基準とする錘の位置を $x(t)$ [m]，錘にかかる力を F [N] とし，運動方程式 $F = ma$ および，フックの法則 $F = -kx$ により，錘の運動を解析せよ。

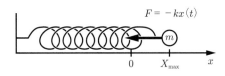

図 6.1 バネによる単振動

図のようにバネが伸びているとき（$x > 0$ m）は左向きの，バネが縮んでいるとき（$x < 0$ m）は右向きの力を受けるため，錘は原点を中心に行ったり来たりの運動をする。

解答

解くべき微分方程式は
$$m \frac{d^2 x(t)}{dt^2} = -k\, x(t) \tag{6.10}$$
であり，この一般解が
$$x(t) = A \sin(\omega t + \theta), \quad \text{ただし}\quad \omega^2 = \frac{k}{m}$$
であることはすでに知っている。

$t = 0$ s で錘は $X_{\max}$ の位置で静止しているので，初期条件は
$$\begin{cases} x(0\,\text{s}) = X_{\max} & \text{(6.11a)} \\ \left.\dfrac{dx(t)}{dt}\right|_{t=0\,\text{s}} = 0\,\text{m/s} & \text{(6.11b)} \end{cases}$$
であり
$$\begin{cases} A \sin(0 + \theta) = X_{\max} & \text{(6.12a)} \\ \omega A \cos(0 + \theta) = 0\,\text{m/s} & \text{(6.12b)} \end{cases}$$

により，A, ω を決定すると，最終的な解として
$$x(t) = X_{\max}\sin\left(\omega t + \frac{\pi}{2}\right) = X_{\max}\cos\omega t$$
が得られる（ただし，$\omega = \sqrt{k/m}$）。

このような運動を**単振動**または**調和振動**と呼ぶ。単振動は振動現象の中で最も簡単な振動であり，多くの振動現象が単振動に近似できることもあって非常に重要な運動である。ここで少し単振動の特徴を述べておこう。

第一の特徴は，$x(t) = A\sin(\omega t + \theta)$ の形の運動は周期 T〔s〕ごとに同じことを繰り返している振動現象だということである。なお，振動の周期は角振動数（あるいは角周波数，角速度）ω〔rad/s〕と $\omega T = 2\pi$ の関係にある[†]。

単振動の第二の特徴は，周期 T が振幅 $X_{\max}$ によらないことである（バネの単振動の場合，$T = 2\pi\sqrt{m/k}$ は k と m だけによって決定されている）。つまり，もう少し現実的な場合に，時間が経つと摩擦によって振幅が $X_{\max}$ から減少することを考えたとしても，周期 T は一定と考えてよい。この性質を**等時性**と呼ぶ。

練習問題 6.4

図 **6.2** のように，バネの力と重力を受けて運動している質量 m〔kg〕の錘の位置 $x(t)$〔m〕（バネの自然長の位置を基準とし，下向きを正とせよ）の満たす微分方程式を立て，その解が
$$x(t) = x_0 + A\sin(\omega t + \theta)$$
であることを示せ。ただし，x_0〔m〕は錘の釣り合いの位置（$mg - kx_0 = 0$ N），$\omega = \sqrt{k/m}$ であり，g〔m/s^2〕は重力加速度である。

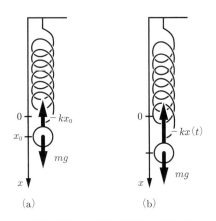

図 **6.2** 重力下での単振動

錘に重力がかかっているせいで，振動の中心点が $x_0 = mg/k$ だけ下になるが，そこを新たな原点だと考えると簡単に取り扱える。

[†] 〔rad〕を単位として認めず，ω〔1/s〕と書いてもよい。8 章を学ぶと，そのセンスが理解できるだろう。

例題 6.4 では $\mathrm{d}^2 f/\mathrm{d}x^2 = -f(x)$ 型の微分方程式を利用した。次は，それと並んで重要な，$\mathrm{d}f/\mathrm{d}x = -f(x)$ 型の微分方程式が利用される問題を見てみよう。

例題 6.5

　一般に，空気や水などの粘り気のある流体の中を適当な形の物体が速度 v [m/s] で運動する場合，**粘性抵抗**（いわゆる空気抵抗など）を受け，その力 $F_{抵抗}$ [N] は $F_{抵抗} = -\kappa v$ で近似できる（ただし，κ [Ns/m] は流体の粘性や物体の形状によって決まる定数）[†]。

　運動方程式 $F = ma$ を解き，初速度 v_0 [m/s] で運動していた質量 m [kg] の物体の運動を解析せよ。

解答

　運動方程式の加速度 a を $\mathrm{d}v/\mathrm{d}t$ と書き直せば，$v(t)$ に対する微分方程式

$$m \frac{\mathrm{d}v(t)}{\mathrm{d}t} = -\kappa v(t) \tag{6.13}$$

が得られる。式 (6.13) はわずかな変形で式 (6.1) と同形にできるので，その一般解は

$$v(t) = A \mathrm{e}^{-\frac{\kappa}{m}t}$$

と得られる。任意定数 A は初期条件 $v(0\,\mathrm{s}) = v_0$ より決定でき

$$v(t) = v_0 \mathrm{e}^{-\frac{\kappa}{m}t} \tag{6.14}$$

となる。

　位置 $x(t)$ については式 (6.14) を積分して（式 (4.16)）

$$\begin{aligned} x(t) &= x_0 + \int_{t'=0\,\mathrm{s}}^{t'=t} v(t')\ \mathrm{d}t' \\ &= x_0 + \frac{m v_0}{\kappa} \left(1 - \mathrm{e}^{-\frac{\kappa}{m}t}\right) \end{aligned} \tag{6.15}$$

となる。ただし，x_0 [m] は問題では指定されていないが初期位置。

式 (6.15) は $t \to \infty\,\mathrm{s}$ で $x(t) \to x_0 + mv_0/\kappa$ となる。これは，「この物体の運動はどんどんゆっくりになっていく（**減衰運動**）ので，初期位置よりも mv_0/κ 先にまでしか進めない（もちろん，後戻りをすることもない）」ことを意味している。

[†] κ を粘性抵抗係数と呼ぶが，流体力学などで重要な「粘性率」とはまったく違う量なので取り違えないように。

例題 6.6

図 6.3 において，電源電圧 V_0 [V]，コンデンサ容量 C [F]，抵抗 R [Ω] とすると，スイッチ ON から t [s] 後のコンデンサ電圧 $v_\mathrm{C}(t)$ [V]，抵抗電圧 $v_\mathrm{R}(t)$ [V]，コンデンサに貯まった電荷 $q(t)$ [C]，電流 $i(t)$ の間には，以下の式が成り立っている。

$$V_0 = v_\mathrm{C}(t) + v_\mathrm{R}(t) \tag{6.16}$$

ただし

$$v_\mathrm{C}(t) = \frac{q(t)}{C}, \qquad v_\mathrm{R}(t) = R\, i(t), \qquad i(t) = \frac{\mathrm{d}q(t)}{\mathrm{d}t}$$

である。

スイッチを入れた時刻 $t = 0\,\mathrm{s}$ にはコンデンサに電荷が貯まっていなかったとして，時刻 t の関数 $v_\mathrm{C}(t)$, $v_\mathrm{R}(t)$, $q(t)$, $i(t)$ を求めよ。

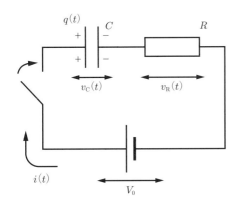

図 6.3 CR 充電回路

電源 V_0 によってコンデンサ C を充電する回路。スイッチを入れた瞬間に大電流が流れるのを避けるため，抵抗 R も接続されている。
充電が進むとコンデンサにかかる電圧 $v_\mathrm{C}(t)$ が増えるので，抵抗電圧 $v_\mathrm{R}(t)$ が減る。その結果，電流 $i(t)$ が減るので，充電速度は段々ゆっくりになってゆく。

解答

式 (6.16) に各条件を代入すると

$$V_0 = \frac{1}{C}\, q(t) + R \cdot \frac{\mathrm{d}q(t)}{\mathrm{d}t} \tag{6.17}$$

を得る。このままでは少々解き難いので，(たまたま思いついた変形) $\tilde{q}(t) = CV_0 - q(t)$ を考えることにする。

$$q(t) = CV_0 - \tilde{q}(t), \qquad \frac{\mathrm{d}q(t)}{\mathrm{d}t} = -\frac{\mathrm{d}\tilde{q}(t)}{\mathrm{d}t}$$

であるので，式 (6.17) を $\tilde{q}(t)$ の式に書き直して整理すると

$$\frac{\mathrm{d}\tilde{q}(t)}{\mathrm{d}t} = -\frac{1}{CR} \cdot \tilde{q}(t)$$

を得る。われわれはこの微分方程式はよく知っていて，その解は

$$\tilde{q}(t) = A\mathrm{e}^{-\frac{1}{CR}t}$$

となる。したがって

$$q(t) = CV_0 - A\mathrm{e}^{-\frac{1}{CR}t}$$

となり，初期条件 $q(0\,\mathrm{s}) = 0\,\mathrm{C}$ より A を決定すると

$$q(t) = CV_0\left(1 - \mathrm{e}^{-\frac{1}{CR}t}\right)$$

となる。

求めた $q(t)$ を代入すると

$$\begin{aligned}
v_\mathrm{C}(t) &= V_0\left(1 - \mathrm{e}^{-\frac{1}{CR}t}\right) \\
v_\mathrm{R}(t) &= V_0\,\mathrm{e}^{-\frac{1}{CR}t} \\
i(t) &= \frac{V_0}{R}\mathrm{e}^{-\frac{1}{CR}t} = I_0\,\mathrm{e}^{-\frac{1}{CR}t}
\end{aligned}$$

も容易く求まる（ただし，$I_0 = V_0/R\,[\mathrm{A}]$ は電流の初期値であり，初期状態では全電圧が抵抗だけにかかっていることを表している）。

CR 回路の充放電の最中（過渡現象）を考える際，$\tau = CR\,[\mathrm{s}]$ は時定数と呼ばれる重要な量であり，充放電の速さを表す目安として使われる。特に $v_\mathrm{C}(\tau) = V_0 \cdot (1 - \mathrm{e}^{-1}) \simeq 0.632\,1 \times V_0$ や，$i(\tau) = I_0 \cdot \mathrm{e}^{-1} \simeq 0.367\,9 \times I_0$ という計算結果を暗記して，「時定数とはコンデンサ電圧が最終値の63%まで上がり，電流が初期値の37%まで下がる時間」と，説明になっていない説明で済まされることがあるが，それらの数字の出所が，1/e によるものであることくらいは知っておきたい

練習問題 6.5

図 6.4 のように，充電済みのコンデンサを放電させる回路を組むと

$$\frac{1}{C} q(t) = -R \cdot \frac{\mathrm{d}q(t)}{\mathrm{d}t}$$

が成り立つ。（今度は，コンデンサ電荷の**減少率**が電流であるため，$i(t) = -\mathrm{d}q/\mathrm{d}t$ であることに注意。）

初期条件 $q(0\,\mathrm{s}) = Q_0$ の下で微分方程式を解き，$q(t)$ を求めよ。

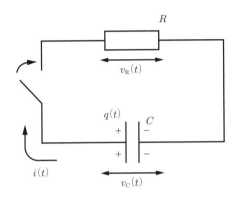

図 6.4 CR 放電回路

あらかじめ Q_0 だけ充電してあったコンデンサから電荷が減っていく。$q(t)$ が小さくなるに従って，$v_C(t)$ が小さくなり，電流 $i(t)$ が小さくなる。そのため，$q(t)$ の変化は段々とゆっくりになっていく。

練習問題 6.6

図 6.5 の回路で時刻 $t = 0\,\mathrm{s}$ にスイッチを入れると，その後の電流 $i(t)$ はどうなるか。微分方程式を立て，それを解け。ただし，$i(0\,\mathrm{s}) = 0\,\mathrm{A}$ とし，コイル電圧は $v_L(t) = L \cdot \dfrac{\mathrm{d}i(t)}{\mathrm{d}t}$ を満たすものとする。　　　（ヒント：$\tilde{i}(t) = V_0/R - i(t)$ を使う。）

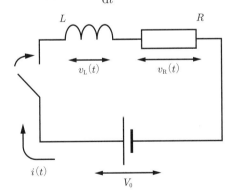

図 6.5 LR 過渡現象

スイッチオンの直後，電流が $0\,\mathrm{A}$ から V_0/R に瞬間的に変化しようとしても，コイルは急激な電流変化を許さない。
時定数 $\tau = L/R$ を目安とする程度の時間をかけて電流は増えていく。

6.5 積分方程式

　微分が使われている式のうち，特定の関数でしか成り立たない式が「微分方程式」であり，その特定の関数が「微分方程式の解」であった．当然，積分が使われている式のうち，特定の関数でしか成り立たない式は**積分方程式**，その特定の関数は「積分方程式の解」と呼ばれる．

　しかし，数学の専門分野に踏み込まなければ，積分方程式が微分方程式より特に難しいわけではなく，両者を区別する必要もあまりない．なぜなら，基本的な n 階の積分方程式はその両辺を n 階微分すれば n 階微分方程式になってしまうからである．

　例えば例題 6.6 では，まず $q(t)$ に対する微分方程式 (6.17) を立て，これを解いてから他の量を求めていたが，式 (6.17) を $i(t)$ を使って表現すると

$$V_0 = \frac{1}{C}\left(Q_0 + \int_{0\,\text{s}}^{t'=t} i(t')\ dt'\right) + R \cdot i(t) \tag{6.18}$$

という積分方程式となる（ただし，今回は $Q_0 = 0\,\text{C}$）．仮に，式 (6.18) から始めたとしても，その両辺を t で微分して

$$0\,\text{V/s} = \frac{1}{C} \cdot i(t) + R \cdot \frac{di(t)}{dt} \tag{6.19}$$

という微分方程式から

$$i(t) = Ae^{-\frac{1}{CR}t} \tag{6.20}$$

を求め，その後，他の量を求めればよいだけなのである[†]．

―― 練習問題 6.3（p.89）の (2), (3) の一般解 ――
(2)　　$f(x) = Ae^{ax}, Ae^{-ax}$（ただし，A, a は定数で $a > 0$）．
(3)　　$f(x) = Ae^{x}, Ae^{-x}$（ただし，A は定数）．

　（2乗項がある）2次微分方程式なので2タイプの一般解が存在し，それぞれの階数に応じた自由度がある．ただし，(2) においてはこのように $a > 0$ と $a < 0$ が別タイプとして求まるのだが，まとめて1タイプのようにも書けてしまう（解法の途中では別々に扱われるのだが…）．

　なお，この解はまったく**重要ではない**．線形性のありがたさを浮き出させるために触ってみただけなので，あまり気にしなくてよい．

[†] ただし，式 (6.20) は任意定数 A を含むが，これを式 (6.18) に代入すると

$$A = \frac{V_0 - Q_0/C}{R} = \frac{V_0}{R}$$

と決定されてしまう．これは，積分方程式では立式の段階で初期条件 $q(0\,\text{s}) = 0\,\text{C}$ を組み込んでいるので，その解には任意定数が許されないからである．

章 末 問 題

【6.1】 化学薬品を使った後のガラス容器に蒸留水を流しっぱなしにして洗浄することを考えよう。体積 V〔L〕の容器に,濃度 ρ_0〔g/L〕の汚水が充満している状態からはじめ,蒸留水を一定の割合 Q〔L/s〕で注ぎ続けると(図 6.6),時刻 t〔s〕での容器内の汚水濃度 $\rho(t)$〔g/L〕は次の微分方程式を満たす。

$$\frac{\mathrm{d}\rho(t)}{\mathrm{d}t} = -\left(\frac{Q}{V}\right)\rho(t) \tag{6.21}$$

まず,微分方程式 (6.21) を以下の手順で導出せよ。

(1) 容器内の水量は一定なので,微小時間 δt〔s〕の間に $Q\delta t$ の蒸留水が流入すれば,同量の汚水が流出することになる。薬品の出入り量に注目し,微小時間後の濃度 $\rho(t+\delta t)$ を $\rho(t)$,V,Q,δt を用いて表せ。
(2) 得られた関係式を δt で割ってから $\delta t \to 0\,\mathrm{s}$ とすることで,式 (6.21) を得よ。
(3) 微分方程式を解き,$\rho(t)$ を求めよ。
(4) 逆に,蒸留水で満たされたビーカーに一定濃度 ρ_0〔g/L〕の汚水を流入させる場合の微分方程式を立て,解を求めよ。

図 6.6 流水でのビーカー洗浄

タワシなどで擦ると容器内部が削れてしまい,特にメスシリンダーなどでは精密測定ができなくなるという問題が生じてしまう。そこで蒸留水による洗浄を行うわけだが・・・
(容易に想像できるように,まず汚水を廃棄してから水を入れ,いっぱいになるたびに廃棄するほうがずっと効率がよい。)

【6.2】 次の微分積分方程式を満たしている関数 $i(t)$ を求めよ。ただし,L〔H〕,C〔F〕,Q_0〔C〕は定数。さらに,ここでは簡単のため $Q_0 = 0\,\mathrm{C}$ としてもよい。

$$-L\frac{\mathrm{d}i(t)}{\mathrm{d}t} = \frac{1}{C}\left(Q_0 + \int_{0\,\mathrm{s}}^{t} i(t')\,\mathrm{d}t'\right) \tag{6.22}$$

注:式 (6.22) の微分の階数は一階であり,その解には任意定数は一つしか許されない。任意定数を二つ使ったままでは式 (6.22) を満たすようにはできないことも確認せよ。

7 微分方程式 2

7.1 微分方程式を解かずに利用する

ところで,微分方程式を立てたらすぐに解きたくなるのは当然だが,大抵の場合それは難しい.また,じつは,必ずしも解を得なくとも多くの知見が得られる場合もあり,具体的な関数形を得ないまま物理現象の説明に使われる場合もある.

例題 7.1

6 章の例題 6.6 において,十分長い時間が経った後の電荷,各部の電圧,電流を求めよ.

解答 1(微分方程式を解くやり方)

例題 6.6 の解で $t \to \infty\,\mathrm{s}$ としてやると,$\lim_{x \to \infty} \mathrm{e}^{-x} = 0$ より

$$Q = \lim_{t \to \infty\,\mathrm{s}} q(t) = CV_0$$

$$V_\mathrm{C} = \lim_{t \to \infty\,\mathrm{s}} v_\mathrm{C}(t) = V_0$$

$$V_\mathrm{R} = \lim_{t \to \infty\,\mathrm{s}} v_\mathrm{R}(t) = 0\,\mathrm{V}$$

$$I = \lim_{t \to \infty\,\mathrm{s}} i(t) = 0\,\mathrm{A}$$

が得られる.

このようにして得た解はまったく疑う余地もない.微分方程式を真面目に解くことが簡単ならば,もちろん,この方法を使うべきだろう.

解答 2(微分方程式を解かないやり方)

式 (6.17) を変形すると

$$\frac{\mathrm{d}q(t)}{\mathrm{d}t} = \frac{1}{R}\left(V_0 - \frac{q(t)}{C}\right) \tag{7.1}$$

となる.この式で,$\mathrm{d}q/\mathrm{d}t$ の正負を考えると

- $q(t) = CV_0$ ならば $dq/dt = 0\,\text{C/s}$
- $q(t) > CV_0$ ならば $dq/dt < 0\,\text{C/s}$
- $q(t) < CV_0$ ならば $dq/dt > 0\,\text{C/s}$

となっている。

つまり，（なにかのはずみで）$q(t) = CV_0$ になったら，$q(t)$ はそのまま変化しないことがわかる。しかも，$q(t)$ が CV_0 より大きい期間は $q(t)$ は減少し続け，$q(t)$ が CV_0 より小さい期間は $q(t)$ は増加し続ける。

したがって，物理的にマトモな現象としては，いずれ $q(t)$ は（十分な精度で）CV_0 に等しくなって安定すると予測できる[†1]。

$q(t)$ が安定すれば，$i(t) = dq/dt = 0\,\text{C/s}$ になり $\cdots$

$$Q = CV_0, \quad V_\text{C} = V_0, \quad V_\text{R} = 0\,\text{V}, \quad I = 0\,\text{A}$$

で安定するという結果が得られる（[C/s] と [A] は同じ単位）。

解答 2 では，微分方程式を利用しているが**解いてはいない**ことに注意したい。物理的現象の解析では「十分な時間の後には安定する（**定常状態になる**）。安定した値を知りたいだけ」という場合も多く，このような定性的な取扱いが取られることも多い。

（なお，例題 6.6 や練習問題 6.4 で「たまたま思いついた」としている変形は，本当は，このようにして解を予測していたのである。）

ただし，安定解になるかどうかは $df/dt = 0$ だけでは決まらない点は留意しておこう。仮に「$f(t) = F_0$ ならば $df/dt = 0$」という問題があったとしても，「$f(t) > F_0$ ならば $df/dt > 0$」のような場合には，$f(t)$ が F_0 からわずかでも大きくなると，その後 $f(t)$ はさらに増加し，どんどんズレが大きくなってゆくことになる（**不安定な解は，数学上はともかく，物理現象としては実現しない**）[†2]。

練習問題 7.1

微分方程式

$$\frac{df(t)}{dt} = af(t), \qquad (ただし，a > 0)$$

に従う物理現象では $f \to 0$ は安定解ではないことを確認しよう。

(1) $f(t)$ の正負と df/dt の正負の関係から判断せよ。

(2) この微分方程式の解を求め，実際の解の振舞いから判断せよ。

[†1] ここの論理には大きな飛躍があるので注意。むしろ数学的には**間違っている**といってもいいほどだ。

[†2] 例えば，山頂で微妙なバランスをとっているボールは，そよ風ひと吹きで転がり落ちてしまう。逆に，谷底に置かれたボールを考える場合は，微小な原因は微小な結果しかもたらさない。

練習問題 7.2

微分方程式
$$\frac{\mathrm{d}f(x)}{\mathrm{d}x} + f(x) + 1 = 0$$
を満たす関数 $f(x)$ の振舞いを，微分方程式を解かずに予測し，実際の解の振舞いと比べよう．

(1) $f(x)$ の定常状態を探せ．

(2) $|f(x)| \gg 1$ の場合に微分方程式自体を近似し，$f(x)$ の近似的な解を調べよ．

次は少し違う話で，力学系の基本構造を微分方程式の性質だけから（具体的な状況は考えずに）見ていくことにしよう．

例題 7.2

微分方程式
$$\frac{\mathrm{d}}{\mathrm{d}t}\left(\frac{1}{2}mv^2 + U(x)\right) = 0\,\mathrm{J/s} \tag{7.2}$$
の物理的意味を解釈した上で，左辺の微分を実行し，$-\mathrm{d}U/\mathrm{d}x$ の意味を解釈せよ．

ここで，もちろん，t〔s〕は時刻，$x(t)$〔m〕は位置，m〔kg〕は質量，$v = \mathrm{d}x/\mathrm{d}t$〔m/s〕は速度である．

解答

よく知られているように $K = \frac{1}{2}mv^2$〔J〕は運動エネルギーであり，$U(x)$〔J〕は重力に限らない一般の位置エネルギー（ポテンシャルエネルギー）であるので，式 (7.2) は「力学的エネルギーの和が時間変化しないこと（エネルギー保存則）」を表している．

各関数の引数に注意しつつ，合成関数の微分（式 (1.19)）を使うと
$$\begin{aligned}
左辺 &= \frac{\mathrm{d}v(t)}{\mathrm{d}t} \cdot \frac{\mathrm{d}}{\mathrm{d}v}\left(\frac{1}{2}mv^2\right) + \frac{\mathrm{d}x(t)}{\mathrm{d}t} \cdot \frac{\mathrm{d}U(x)}{\mathrm{d}x} \\
&= \frac{\mathrm{d}^2 x(t)}{\mathrm{d}t^2} \cdot (mv) + v \cdot \frac{\mathrm{d}U(x)}{\mathrm{d}x} \\
&= v\left(m\frac{\mathrm{d}^2 x(t)}{\mathrm{d}t^2} + \frac{\mathrm{d}U(x)}{\mathrm{d}x}\right)
\end{aligned}$$

$= 0\,\mathrm{J/s}$ であるから
$$m\frac{\mathrm{d}^2 x(t)}{\mathrm{d}t^2} = -\frac{\mathrm{d}U(x)}{\mathrm{d}x} \tag{7.3}$$
となる．

ここで，ニュートンの運動方程式 $F=ma$ を思い出せば，位置エネルギー $U(x)$ の傾き（の -1 倍）こそが，物体の受ける力 F〔N〕であるとわかったといえる[†1]。

一次元系で力 F が位置 x の関数としてわかっていれば，式 (7.3) を積分してやって

$$U(x) = -\int F(x)\ \mathrm{d}x = -W \tag{7.4}$$

がいえ，「位置エネルギー $U(x)$ は，基準点からそこに運ぶまでに物体が受けた（「為した」ではないので正負が反転する）仕事 $-W$〔J〕と等しい」ことがいえる。

このようにポテンシャルエネルギーの傾きから得られる力を「ポテンシャルフォース」または「保存力」と呼ぶ（摩擦力のように，ポテンシャルエネルギーを構成できないタイプの力もある）。

練習問題 7.3

具体的に次の $U(x)$ に対して $\mathrm{d}U/\mathrm{d}x$ を計算し，それぞれの場合の保存力 $F(x)$ を求めよ。

(1) $U_{重力}(x) = mgx$　　(2) $U_{バネ}(x) = \dfrac{1}{2}kx^2$

(3) $U_{点電荷}(x) = \dfrac{1}{4\pi\varepsilon_0}\dfrac{qQ}{x}$

（ただし，g〔m/s^2〕, k〔N/m〕, ε_0〔C^2/Nm^2〕, q〔C〕, Q〔C〕はすべて定数。）

注意

位置として x しかとっていない一次元系では，「式 (7.4) の積分を実行すれば $F(x)$ から $U(x)$ が得られる」といってしまっても問題ないが，二次元以上の系ではもう一波乱あるので**気軽な拡張はできない**[†2]。

7.2　減衰振動と強制振動

この節の二つの微分方程式は，まだ，解くための準備が整っているとはいえないのだが，後のためにここで軽く触れておくことにしたい。

[†1] 運動方程式からエネルギー保存則を導く方が論理の流れがよいのだが，数式の変形がテクニカルになってしまうため，ここでは逆の進め方をした。

[†2] 本来，ポテンシャルの計算には「どのような経路を通って積分するか」を考慮する必要があるのだが，一次元系では一直線の経路しかとり得ないので，この意味でかなり「おもちゃ」である。

天下り的な方法†を使ったり，一般解までは求めなかったりするが，「それらしい結果が出ればいいや」という軽い気持ちで眺めてゆこう。

7.2.1 減 衰 振 動

例題 7.3

粘性抵抗のある状態でのバネの振動を考える。バネの力 $F_{バネ}$ 〔N〕と粘性抵抗の力 $F_{抵抗}$ 〔N〕がそれぞれ

$$F_{バネ} = -kx, \qquad F_{抵抗} = -\kappa \frac{dx}{dt}$$

で表せることはそれぞれ 6 章の例題 6.4，例題 6.5 で見た。これらの両方が働く場合（図 7.1）の運動方程式を立てると

$$m\frac{d^2x}{dt^2} + kx + \kappa \frac{dx}{dt} = 0\,\text{N} \tag{7.5}$$

という微分方程式が得られる。この微分方程式を解き，運動の様子を解析せよ。ただし，m〔kg〕，k〔N/m〕，κ〔Ns/m〕はそれぞれ，（バネについている）錘の質量，バネ定数，粘性抵抗係数である。

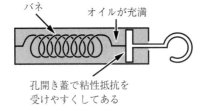

図 7.1 ダンパーの構造

ダンパー（ショックアブソーバー）はバネと粘性体からできている。目的は振動よりも減衰なので，オイル等を使って粘性抵抗がやや大きめになるように作られている（減衰だけでは移動量が大きくなってしまうところを，振動させることで道程を稼いでいる）。

解答（前段階）

要するに，水中（あるいはより粘性の高い液体中）にバネを設置した状況である。われわれは日常的な体験から，この微分方程式を満たす運動を知っている。「バネによって振動するが，水の抵抗を受けて減衰してゆく」という運動である。

振動しながら減衰するのだから，例題 6.4，例題 6.5 の解を参考に

$$x(t) = Ae^{-at} \times \sin(\omega t + \theta) \tag{7.6}$$

の形の解，特に，$a = \kappa/m$，$\omega = \sqrt{k/m}$ と決め込んだ

---

† 「結果的にはうまくいくが，どうしてそんな方法を思いつくのか理解できないので，しっくり来ない」という意味。世間でよく聞く意味とはズレてきている。

$$x(t) = Ae^{-\frac{\kappa}{m}t} \sin\left(\sqrt{\frac{k}{m}}\, t + \theta\right) \tag{7.7}$$

という解（A, θ は任意定数）を**予想**するのは，それほど不自然ではないような気がする。

式 (7.5) に式 (7.7) を代入し，正当性を確認してみよう。

式 (7.6) は既知の関数 e^{-at} と $\sin(\omega t + \theta)$ の積からできているので，積の微分（式 (1.18)）を思い出しながら

$$\frac{d}{dt}\left(e^{-at}\sin(\omega t + \theta)\right) = -ae^{-at} \cdot \sin(\omega t + \theta)$$
$$+ e^{-at} \cdot \omega \cos(\omega t + \theta)$$
$$\frac{d^2}{dt^2}\left(e^{-at}\sin(\omega t + \theta)\right) = a^2 e^{-at} \sin(\omega t + \theta)$$
$$- 2a\omega e^{-at} \cos(\omega t + \theta)$$
$$- \omega^2 e^{-at} \sin(\omega t + \theta)$$

をあらかじめ計算しておく。

式 (7.7) を式 (7.5) の左辺に代入し，整理してやると

$$\text{左辺} = Ae^{-at}\Big\{(ma^2 - m\omega^2 - \kappa a + k)\sin(\omega t + \theta)$$
$$+ (-2ma\omega + \kappa\omega)\cos(\omega t + \theta)\Big\} \tag{7.8}$$
$$= Ae^{-\frac{\kappa}{m}t} \times \left\{-\kappa\sqrt{\frac{k}{m}}\cos\left(\sqrt{\frac{k}{m}}\,t + \theta\right)\right\} \tag{7.9}$$

となるが，式 (**7.9**) は式 (**7.5**) の右辺，**0 N** と等しくはない（ある瞬間には 0 N になるかもしれないが，それだけでは駄目だ）。

つまり，式 (**7.7**) は式 (**7.5**) の解ではない。

解答

なにがいけなかったのだろうか？

われわれは，式 (7.7) を予想する際に，以前解いた解をそのまま利用した。しかし，改めて考えてみれば「バネに引っ張られているときには運動が長続きし，減衰定数は κ/m より小さくなる」，「粘性抵抗があるときは振動が抑えられ，角振動数は $\sqrt{k/m}$ より小さくなる」ということは有り得そうな話である。

そこで，式 (7.6) 自体はまだ信じるが，$a = \kappa/m$, $\omega = \sqrt{k/m}$ とは決め込まないで使ってみることにしよう。

この場合も前回と同様に計算し，式 (7.8) までを得る。ここで，式 (7.8) = 0 N となるためには，a と ω がいくらであればよいかを考えることにする[†1]。

もちろん $A \neq 0$ m のつもりなので，式 (7.8) が（t と無関係に）つねに成り立つためには

$$\begin{cases} ma^2 - m\omega^2 - \kappa a + k = 0 \, \text{kg/s}^2 \\ -2ma\omega + \kappa\omega = 0 \, \text{kg/s}^2 \end{cases}$$

が必要十分条件であり，a と ω について解くと，次式が得られる。

$$a = \frac{\kappa}{2m}, \qquad \omega = \pm\sqrt{\frac{k}{m} - \frac{\kappa^2}{4m^2}}$$

ここで，ω のルートの中身が負になる問題が起こり得るが，今はあまりネバネバ過ぎなければ大丈夫だろうと考え，無視する[†2]。また，θ を変更することで A や ω の正負は調整できるので，どちらも正値をとることとする。

予想通り，減衰定数 a として κ/m より小さい値，角振動数 ω として $\sqrt{k/m}$ より小さい値がそれぞれ得られた。

結局，興味ある解としては，A, θ を任意定数として

$$x(t) = Ae^{-\frac{\kappa}{2m}t} \sin\left(\sqrt{\frac{k}{m} - \frac{\kappa^2}{4m^2}} \cdot t + \theta\right) \tag{7.10}$$

という**減衰振動解**（図 **7.2**）が得られる（$\boldsymbol{\kappa^2 - 4mk}$ の正負により，減衰振動解以外にも解があるのだが，ここでは**触れない**）。

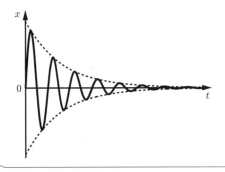

図 **7.2** 減衰振動解
バネによる振動を起こしながら，粘性によって減衰してゆく。今の段階では，「微分方程式を解いて得られる」というよりは「最初から体験的に知っている答えを確認する」という扱いでよい。

[†1] 前回はあらかじめ選んでおいた a と ω に対して式が成立するかを見ただけだが，今回は式を成立させるために a と ω を選び出すという，少し視野の広い方法をとっている。

[†2] 粘性が強いとは κ が大きいということであり，バネが強いとは k が大きいということだから，粘性の影響がバネの影響に比べて十分に弱ければ $\kappa^2 < 4mk$ が成立するだろう。減衰振動解以外の解については 10 章の例題 10.3 で取り扱う。

ここでは，一度目はあえて間違った（しかし，それなりにもっともらしい）予想に基づいて失敗している．微分方程式の解を予想することや，予想が外れても諦めずに一段階一般的な形で再予想して進めるというやり方は，受身で成功例ばかり習っているとなじみにくいだろうが，なんでも最初からうまく行くわけではないことは忘れないで欲しい．

7.2.2 （粘性抵抗下での）強制振動

これまで真面目に解いてきたのはいずれも，線形微分方程式の斉次形であった．本項では

$$\frac{\mathrm{d}^2 x(t)}{\mathrm{d}t^2} + p_1 \frac{\mathrm{d}x(t)}{\mathrm{d}t} + p_0 x(t) = q \sin \omega t \quad (p_1, p_0, q\text{ は定数})$$

という形の非斉次形の微分方程式を扱ってみよう．

この状況は，物理的状況としては図 **7.3** のように，粘性抵抗とバネの力を受けながら，周期的な外力をかけている場合に相当する．

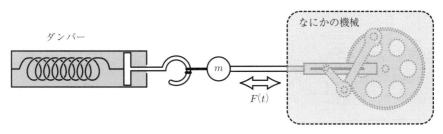

図 7.3 強制振動（粘性抵抗下）

人間が似たようなことをしようとすると，つい，揺らしやすい角振動数に力加減を調整してしまいがちだが，ここではバネや粘性抵抗がどうであろうと，とにかく外力は $F_0 \sin \omega t$ にコントロールされている．

例題 7.4

例題 7.3 の状況に加え，外力 $F(t) = F_0 \sin \omega t$ 〔N〕を加えられている物体の運動を考える（図 7.3）．微分方程式

$$m \frac{\mathrm{d}^2 x(t)}{\mathrm{d}t^2} + \kappa \frac{\mathrm{d}x(t)}{\mathrm{d}t} + k x(t) = F_0 \sin \omega t \tag{7.11}$$

を解き，運動の様子を解析せよ．

解答

まず，角振動数 ω の周期的な外力をかけ続けているのだから，変位 $x(t)$ も同じ角振動数 ω を持つ周期運動になりそうに思える（運動は減衰しなさそうだ）．つまり

$$x(t) = X_{\max} \sin(\omega t + \theta) \tag{7.12}$$

という形の解がありそうだと予想できる†。

式 (7.12) を式 (7.11) の左辺に代入すれば

$$
\begin{aligned}
左辺 &= X_{\max}\Big\{(-m\omega^2 + k)\sin(\omega t + \theta) + \kappa\omega\cos(\omega t + \theta)\Big\} \\
&= C\sin(\omega t + \theta + \varphi)
\end{aligned}
\tag{7.13}
$$

を得る。ただし，付録 A.2.4 の式 (A.20) の変形を利用し

$$
\begin{cases}
C = X_{\max}\sqrt{(k - m\omega^2)^2 + (\kappa\omega)^2} & (7.14) \\
\tan\varphi = \dfrac{\kappa\omega}{k - m\omega^2} & (7.15)
\end{cases}
$$

としている。

式 (7.13) が（t と無関係に）つねに式 (7.11) の右辺と等しくなるためには

$$
C = F_0, \qquad \theta + \varphi = 0
$$

とすればよい。つまり

$$
X_{\max} = \frac{F_0}{\sqrt{(k - m\omega^2)^2 + (\kappa\omega)^2}}, \qquad \theta = -\tan^{-1}\left(\frac{\kappa\omega}{k - m\omega^2}\right)
$$

ならばよい。こうして

$$
x_{特}(t) = \frac{F_0}{\sqrt{(k - m\omega^2)^2 + (\kappa\omega)^2}}\sin(\omega t + \theta) \tag{7.16}
$$

$$
ただし，\quad \theta = \tan^{-1}\left(\frac{\kappa\omega}{m\omega^2 - k}\right)
$$

が得られる。

微分して速度も出せば

$$
v_{特}(t) = \frac{F_0}{\sqrt{(k/\omega - m\omega)^2 + \kappa^2}}\cos(\omega t + \theta) \tag{7.17}
$$

ところで，二階微分方程式 (7.11) に対して，（二つあるはずの）任意定数を式 (7.16) は含んでいない。すなわち，一般解ではなく，特解（「解のうちの一つ」）でしかないわけだ。

だが，じつは式 (7.16) は，強制振動の微分方程式 (7.11) の解の中で最も重要な形の解なので，ここでは，一般解を求めずにここいらで満足してしまうことにする。

---

† 錘とバネの都合をいえば，$\omega_0 = \sqrt{k/m}$ という角振動数（共振角振動数）が揺れやすいわけだが，この運動を支配しているのは角振動数 ω の外力なので，運動は（ω_0 ではなく）ω での振動になるだろう。また，粘性抵抗の影響で $F(t)$ と $x(t)$ の位相はズレると予想できる。

式 (7.16), (7.17) を見ながら，錘やバネ等，設定条件を色々変えてみると

- 外力の最大値 F_0 が大きいほど，振幅は大きくなる。
- 粘性抵抗係数 κ が大きいほど，振幅は小さくなる。
- 外力の角振動数 ω を固定してバネ係数 k や質量 m を変化させる場合，$k = m\omega^2$ を満たすときに振幅は最大になる。
- ω を変化させる場合，$k/\omega = m\omega$ のとき，速度が最大になる[†]。

とわかる。

特に三番目の条件で，錘が軽過ぎてもかえって振幅が小さくなるのは少し意外に思うかもしれない。質量の小さい物体は確かに加速させやすいが，粘性抵抗によるブレーキの影響も大きくなるためである。

重ね合わせの原理 2

非斉次形の線形微分方程式

$$p_n(x)\frac{d^n f(x)}{dx^n} + \cdots + p_1(x)\frac{df(x)}{dx} + p_0(x)f(x) = q(x) \tag{7.18}$$

の解の一つ $f_\text{特}(x)$ をたまたま発見し，しかも，その斉次形

$$p_n(x)\frac{d^n \tilde{f}(x)}{dx^n} + \cdots + p_1(x)\frac{d\tilde{f}(x)}{dx} + p_0(x)\tilde{f}(x) = 0 \tag{7.19}$$

の一般解 $\tilde{f}(x)$ もあらかじめわかっているとき，式 (7.18) の一般解は

$$f(x) = \tilde{f}(x) + f_\text{特}(x) \tag{7.20}$$

で与えられる（n 個の任意定数を $\tilde{f}(x)$ の中に含んでいる）。

証明　略

例題 7.4 の補足

ちなみに，式 (7.11) の斉次形の解は例題 7.3 で求めてあって

$$\tilde{x}(t) = A e^{-\frac{\kappa}{2m}t} \sin\left(\sqrt{\frac{k}{m} - \frac{\kappa^2}{4m^2}} \cdot t + \varphi\right)$$

だった。これと特解 (7.16) を用いて，式 (7.11) の一般解は

[†] k, m, κ を固定して ω を変える場合の振幅の最大条件はあまり綺麗でないのでここでは略する。

$$x(t) = \tilde{x}(t) + x_\text{特}(t)$$

となる。ここで，$t \to \infty\,\text{s}$ で $\tilde{x}(t) \to 0\,\text{m}$ となっていることに注目すると，（初期条件によって任意定数 A や φ は変わるのだが，いずれにせよ）十分長い時間が経った後の運動は特解 (7.16) と一致することがわかる。これが，特解 (7.16) が最も重要な解だといった理由である。

練習問題 7.4

(1) 練習問題 6.4 や例題 6.6，練習問題 6.6 は，いずれも「斉次形微分方程式の一般解 + 特解」の形で解かれていること，さらに特解として 7.1 節でいう定常状態を使用していることを確認せよ。

(2) 練習問題 7.2 についても同様の方法で解け。

7.2.3 LCR 直列回路

唐突だが，ここで LCR 直列回路の話をしよう。

LCR 直列回路（図 7.4）において，CR 直列回路（練習問題 4.6）同様，最大値について

$$\cancel{V_{L\max} + V_{C\max} + V_{R\max} = V_{全\max}}$$

のような関係はいえないが，瞬間値についてはなんの遠慮もなく

$$v_L(t) + v_C(t) + v_R(t) = v_全(t)$$

すなわち

$$L \cdot \frac{di(t)}{dt} + \frac{1}{C}\int i(t)\,dt + R \cdot i(t) = V_{全\max}\sin\omega t \tag{7.21}$$

としてよい。

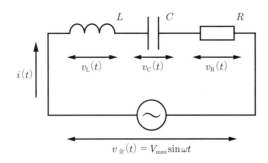

図 7.4 LCR 直列回路

LCR 直列回路に電圧 $v_全(t) = V_{全\max}\sin\omega t$ をかける。4 章章末問題【4.5】では，同じ問題を「交流電流 $i(t)$ を流した場合の電圧は？」という道筋で解いている。

7.2 減衰振動と強制振動

じつは，われわれは，例題 7.4 で式 (7.21) と同型の微分方程式

$$m\frac{\mathrm{d}^2 x(t)}{\mathrm{d}t^2} + \kappa \frac{\mathrm{d}x(t)}{\mathrm{d}t} + kx(t) = F_0 \sin \omega t \tag{7.11 再掲}$$

を解いている。

「同型 ?? 似てないけど…」という声が聞こえてきそうだが，しばし待たれよ。新たに $q(t) = \int i(t) \, \mathrm{d}t$ という関数を考えると

$$\int i(t) \, \mathrm{d}t = q(t), \qquad i(t) = \frac{\mathrm{d}q(t)}{\mathrm{d}t}, \qquad \frac{\mathrm{d}i(t)}{\mathrm{d}t} = \frac{\mathrm{d}^2 q(t)}{\mathrm{d}t^2}$$

である。これらを用いて，式 (7.21) を $q(t)$ に対する微分方程式に書き直してみると

$$L \cdot \frac{\mathrm{d}^2 q(t)}{\mathrm{d}t^2} + R \cdot \frac{\mathrm{d}q(t)}{\mathrm{d}t} + \frac{1}{C} \cdot q(t) = V_{\text{全max}} \sin \omega t \tag{7.22}$$

となり，同型な微分方程式が元になっていることがわかる[†1]。

むろん

$$m \leftrightarrow L, \quad \kappa \leftrightarrow R, \quad k \leftrightarrow \frac{1}{C}, \quad F_0 \leftrightarrow V_{\text{全max}}, \quad x \leftrightarrow q, \quad \frac{\mathrm{d}x}{\mathrm{d}t} \leftrightarrow i$$

という対応が成り立っているわけである[†2]。

さて，微分方程式 (7.11) の解はすでに見たように

$$x_{\text{特}}(t) = \frac{F_0}{\sqrt{(k - m\omega^2)^2 + (\kappa\omega)^2}} \sin(\omega t + \theta)$$

$$\text{ただし}, \quad \theta = \tan^{-1}\left(\frac{\kappa\omega}{m\omega^2 - k}\right) \tag{7.16 再掲}$$

であった。先の対応関係を使えば，微分方程式 (7.22) の解が

$$q_{\text{特}}(t) = \frac{V_{\text{全max}}}{\sqrt{\left(\frac{1}{C} - L\omega^2\right)^2 + (R\omega)^2}} \sin(\omega t + \theta) \tag{7.23}$$

$$\text{ただし}, \quad \theta = \tan^{-1}\left(\frac{R\omega}{L\omega^2 - \frac{1}{C}}\right)$$

$$= \tan^{-1}\left(\frac{R}{\chi_L - \chi_C}\right)$$

であるとわかる。同様に斉次形の一般解も

[†1] もちろん，最初から「コンデンサに貯まっている電荷 $q(t)$ に対して微分方程式を立てると〜」としてもよいが，「与えられた電源電圧に対して電流が満たす微分方程式を立てて，それを解く」という態度をとった。

[†2] それぞれの物理量がどのような性質を表しているかを考えてみると面白いだろう。

7. 微分方程式 2

$$\tilde{q}(t) = A\mathrm{e}^{-\frac{R}{2L}t} \sin\left(\sqrt{\frac{1}{LC} - \frac{R^2}{4L^2}} \cdot t + \varphi\right) \tag{7.24}$$

と求まり，任意定数を二つ（A と φ）持つ一般解は

$$q_{\text{一般解}}(t) = \tilde{q}(t) + q_{\text{特}}(t) \tag{7.25}$$

となる．しかし，例題 7.4 で補足説明してあるように，初期状態（$t=0\,\mathrm{s}$ での q や i の値）がどうであろうとも，十分な時間の後には $\tilde{q}(t) \to 0\,\mathrm{C}$ となるので，普通は $q_{\text{特}}(t)$ だけを重要視する．以下は $q(t) = q_{\text{特}}(t)$ として進めよう．

さて，われわれが知りたいのは電流 $i(t)$ であるが，$i(t) = \mathrm{d}q(t)/\mathrm{d}t$ と $v(t) = \mathrm{d}x(t)/\mathrm{d}t$ は対応している．つまり，式 (7.17) の文字を書き換えるだけで $i(t)$ が得られる．

$$\begin{aligned}
i(t) &= \frac{V_{\text{全max}}}{\sqrt{(1/C\omega - L\omega)^2 + R^2}} \cdot \cos(\omega t + \theta) \\
&= \frac{V_{\text{全max}}}{\sqrt{(\chi_C - \chi_L)^2 + R^2}} \cdot \sin\left(\omega t + \theta + \frac{\pi}{2}\right) \\
&= \frac{V_{\text{全max}}}{Z} \sin(\omega t - \theta') \\
&= I_{\max} \sin(\omega t - \theta')
\end{aligned} \tag{7.26}$$

ここで，やはり，4 章章末問題【4.5】と同じ結果

$$Z = \sqrt{R^2 + (\chi_L - \chi_C)^2}, \qquad V_{\text{全max}} = Z \cdot I_{\max} \tag{7.27}$$

が得られた（2 乗するので引算の順序は関係ないが，$\chi_L - \chi_C$ の順序のほうが後々都合がよい）．

位相差 θ' については少し煩雑だが，cos から sin への書換えのために $\pi/2$ を足してあることと，電流が電圧より遅れている場合に θ' が正になるように定義していることに気をつければ

$$\begin{aligned}
\theta' &= -\left(\theta + \frac{\pi}{2}\right) \\
&= -\tan^{-1}\left(\frac{R}{\chi_L - \chi_C}\right) - \frac{\pi}{2} \\
&= \tan^{-1}\left(\frac{\chi_L - \chi_C}{R}\right)
\end{aligned} \tag{7.28}$$

となる．

粘性抵抗下での強制振動と交流電気の LCR 直列回路，一見するとまったく無関係な問題が「微分方程式」という目で見ると共通の構造が見られ，ある状況下での知見がまったく別の問題を解決する簡単な方法となることがある．

それは，強力な問題解決手段である以上に，物事の理解の仕方に関する新たな見地への開眼であり，「数学の勝利」と呼んでも大げさではないだろう．

> **方程式が同じなら解も同じ**
>
> 多くの異なった物理的事情に対し方程式は正確に同じ形をしている．もちろん記号が違っている―ある文字が他の文字と代わっている―，しかし，式の数学的形式はまったく同じである．したがって，一つの問題を勉強すれば，直ちに別の問題の方程式の解について直接の正しい知識を持つことになる．
>
> リチャード・ファインマンほか：ファインマン物理学III 電磁気学，12-1節，p.146，岩波書店(1970)

最も重要な微分

ここで，もう一度「実用上最も重要な微分」を挙げておこう。それは

$$\frac{\mathrm{d}\sin(\omega t + \theta)}{\mathrm{d}t} = \omega\cos(\omega t + \theta)$$

$$\frac{\mathrm{d}\cos(\omega t + \theta)}{\mathrm{d}t} = -\omega\sin(\omega t + \theta)$$

$$\frac{\mathrm{d}\mathrm{e}^{-at}}{\mathrm{d}t} = -a\mathrm{e}^{-at}$$

の三つである。

そしてまた，これらの式は次の微分方程式の解を与えるからこそ重要であるということを，再度強調しておく。

(1) 減衰型の微分方程式

$$\frac{\mathrm{d}f(t)}{\mathrm{d}t} = -af(t)$$

の解は

$$f(t) = A\mathrm{e}^{-at} = A\exp(-at)$$

である。

(2) 振動型の微分方程式

$$\frac{\mathrm{d}^2 f(t)}{\mathrm{d}t^2} = -\omega^2 f(t)$$

の解は

$$f(t) = A\sin(\omega t + \theta)$$

である（$A\cos(\omega t + \theta')$ と書き換えることもできる）。

また，物理現象の解析において，ニュートンの運動方程式

$$F(x,t) = m\frac{\mathrm{d}^2 x(t)}{\mathrm{d}t^2}$$

を解く必要上，微分方程式の中でも特に二階微分方程式が重要であることも強調しておく。

8 次元解析

本章では，次元解析という手法について解説しておこう。次元解析は，専門的に物理分野を学んだ人はほとんど全員が体得している，**きわめて簡単で有用な手法**でありながら，世間一般ではまったく無視されているフシがある（科学を学んだはずの人たちですら無視している場合が多い···），これを習得しておくことは読者が物理現象の解析をする上で非常に強力な武器となるはずである。

8.1 物理式と単位

まず，一辺 a [m] の正方形，底辺 l [m] で高さ h [m] の三角形，半径 r [m] の円，それぞれの面積を求める式を思い出そう。

$$
\begin{aligned}
S_{正方形} &= a^2 \\
S_{三角形} &= \frac{1}{2}lh \\
S_{円} &= \pi r^2
\end{aligned}
$$

これらの式の左辺（面積）の単位は [m^2] であり，1/2 や π は単位を持っていないことに注意すると，右辺はどれも [m] × [m] となっている。つまり

$$[\mathrm{m}^2] = [\mathrm{m}] \times [\mathrm{m}]$$

というわけだ，これが偶然なわけはない[†]。

掛算はよかったが，足算ではどうだろうか？長さ l_1 [m] の棒と l_2 [m] の棒を継ぎ足すこと（$l = l_1 + l_2$）を考えると

$$[\mathrm{m}] = [\mathrm{m}] + [\mathrm{m}]$$

[†] 小学校のときから面積の単位を「平方メートル」と繰り返し教え込むのは良い習慣とはいえない。素直に「メートルの2乗」と読めばよい。

となっている。これは一見すると気持ち悪く感じるかもしれない。しかし，「1〔m〕+ 1〔m〕= 1〔m〕」といっているわけではないと気付けば，違和感は薄らぐだろう。

次は，掛算と足算の両方が入って来る例として台形の面積を考えてみよう。上底 a〔m〕，下底 b〔m〕で高さ h〔m〕の台形の面積は

$$S_{台形} = \left(\frac{a+b}{2}\right)h$$

である。今度は

$$〔m^2〕 = (〔m〕+〔m〕) \times 〔m〕 = 〔m〕 \times 〔m〕$$

となり，これも式の左右で単位が合っているといってよい。

練習問題 8.1

球の体積の公式，円錐や三角錐の体積公式，球の表面積の公式について単位を調べよ。

$$\left(\text{ヒント：} \quad V_{球} = \frac{4}{3}\pi r^3, \quad V_{錐体} = \frac{1}{3}Sh, \quad S_{球面} = 4\pi r^2\right)$$

掛算ばかりでなく，単位を持った量の割算も見てゆこう。

例題 8.1

平均速度の定義，平均加速度の定義を述べ，単位を調べよ。

解答

1.6 節で見たように，時間間隔 Δt〔s〕の間に Δx〔m〕だけ移動する場合の平均速度 $\bar{v}$〔m/s〕は

$$\bar{v} = \frac{\Delta x}{\Delta t}$$

であるから

$$〔m/s〕 = \frac{〔m〕}{〔s〕}$$

となり，式の左右で単位は合っている。

同様に，時間間隔 Δt〔s〕の間に Δv〔m/s〕だけ速度変化する場合の平均加速度 $\bar{a}$〔m/s^2〕は

$$\bar{a} = \frac{\Delta v}{\Delta t}$$

であるから

$$[\mathrm{m/s^2}] = \frac{[\mathrm{m/s}]}{[\mathrm{s}]}$$

となり，やはりこれも式の左右で単位は合っている．

このように，物理現象としてマトモな式では，必ず，式の左右で単位は合っている[†1]．また，左辺右辺の移項を考えれば当然であるが，つねに同じ単位の数値の間でしか足算，引算は行われない．

ただし，このルールは意識的に守られている側面もある．例えば，通常，体積 $1.0\,\mathrm{cm}^3$ の水は質量 $1.0\,\mathrm{g}$ であるが，これを表現するのに

「$1.0\,\mathrm{g} = 1.0\,\mathrm{cm}^3$ である」

とは，絶対に書かない．正しくは

「水においては，$1.0\,\mathrm{g} = 1.0\,\mathrm{g/cm}^3 \times 1.0\,\mathrm{cm}^3$ である」

と書く．このように，水の密度 $1.0\,\mathrm{g/cm}^3$ を掛けてやっているおかげで式の左右で単位は狂わない．初等的な教育ではこの $1.0\,\mathrm{g/cm}^3$ を省きたがる傾向があるが，そのような勝手な省略は単位を狂わせるだけでなく，物理量の仕組みを誤解させる非常に危険な行為である[†2]．

ともあれ，（多少意識的な部分があるにしても）「"マトモな物理法則"では式の左辺と右辺の単位は合っている」のである．対偶をいえば「左辺と右辺の単位が合っていない式は"マトモな物理式"ではない」のだ．これは**ウロ覚えの公式が正しいかどうか，式変形の途中で計算間違いをしていないか**，などの判断をする上で非常に強力な指針となる．

さらに，計算方法のまったくわからない場面でさえ，式の単位を合わせるだけで，正しい式の概略が予言できる，という使い方もされている．例題 8.2 を見てみよう．

8.2 次元解析による解の予想

例題 8.2

6章の図 6.1 のように，バネ定数 $k\,[\mathrm{N/m}]$ のバネに質量 $m\,[\mathrm{kg}]$ の錘がつけられて，摩擦のない床の上で振幅 $A\,[\mathrm{m}]$ の単振動をしている．

単位を考えることだけで単振動の周期 $T\,[\mathrm{s}]$ を予想してみよ．

[†1] $1\,\mathrm{m} = 100\,\mathrm{cm}$ のような話は後述する．
[†2] 大げさにいえば，密度という概念を否定しているのである．水以外の物質についての話をするときはどうする気なのだろうか？

参考

素直に正しく解く方法は 6 章の例題 6.4 で行っている。

解答

ここでは，計算方法がまったくわからない場合でも答えの**概略が予測**できるということを示す。

バネ定数 k の単位に使われている〔N〕をそのままにしていたのでは単位の比較ができないので，まずは力の単位〔N〕の正体を考える。

運動方程式 $F = ma$ または，重力の式 $F = mg$（g は重力加速度定数 $9.8\ldots$ m/s^2）で左右の単位が正しいハズだと思えば

$$[\text{N}] = [\text{kg m/s}^2]$$

とわかり，k の単位〔N/m〕の正体は〔kg/s^2〕である。

その上で，周期 T を求める式を

$$T = A^x \times k^y \times m^z$$

のような形になると予想する[†1]。この式の単位だけを見れば

$$[\text{s}] = [\text{m}]^x \times [\text{kg/s}^2]^y \times [\text{kg}]^z$$

となり，「〔m〕が要らないから $x = 0$」，「〔kg〕が要らないから $y + z = 0$」，... などと考えてゆけば[†2]

$$[\text{s}] = [\text{kg/s}^2]^{-1/2} \times [\text{kg}]^{1/2}$$

となり

$$T = \sqrt{\frac{m}{k}} \tag{8.1}$$

という式が単位的には正しそうだと予測される。

ただし，式 (**8.1**) は完全には正しくない。例題 6.4 で示された「正解」は

$$T = 2\pi\sqrt{\frac{m}{k}}$$

であったのだから，2π だけ間違っているといえる。2π の部分を当てられなかった理由は，2

[†1] A, k, m は単位が違うので足したり引いたりはできず，何乗かして掛ける（割る）しか計算方法がない。
[†2] 一般には x, y, z に対する連立方程式を解く。

やπという数学定数は単位を持っていないので，掛けようが割ろうが単位の話に影響を与えないためである。

単位を考えるだけでは定数倍の部分は決定できない

だがしかし，「数値が間違っているから正しくない」という理由でこの手法に無価値の判断を下すのは，少々諦めが良すぎる。この方法は，物理現象の解析には必須といってもいい「複雑な微分方程式を解く」ということなく**簡単**に，答えの**概略**を求めることができる。例題 8.2 でも

- T が $\sqrt{m}$ に比例している。
- T が $\sqrt{k}$ に反比例している。
- A は T に影響を与えない（等時性）。

などの重要な性質はちゃんと示されている。

この手法を上手に使うには，問題の状況を決定している物理量がどれであるかを適切に判断する必要がある場合もある。

例題 8.3

図 8.1 (a) のように，面積 S 〔m²〕の金属板に電荷 q 〔C〕が一様に分布している様子を考えよう（ただし，S は十分に広く，端の影響は考えなくてよい）。当然，平面に垂直な電界ができるはずだが，金属板からの距離 d 〔m〕の場所での電界の大きさ E 〔N/C〕を，単位合せにより予想せよ。

 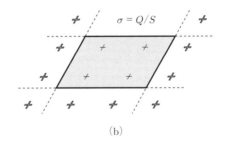

(a)   (b)

図 8.1 平面電荷が作る電界

図 (a) の場合でも図 (b) の場合でもできる電界の大きさに違いはないだろう。したがって，図 (a) の場合でも S, Q は独立ではなく，$\sigma = Q/S$ の形で利用されるはずである。

解答

まず注意すべきは，S 〔m²〕，Q 〔C〕，d 〔m〕だけから E 〔N/C〕を作ろうとしてはいけないことである。静電的な現象の解析なので，真空中の誘電率 ε_0 〔C²/Nm²〕

は必ず式中に入ってくるはずである。

　また，S と Q は独立ではないことにも注意が必要である。端の影響を無視すれば，ここで考えている状況は図 (b) のように，無限に広い金属板に電荷が均等に分布している場合の一部だけを切り出した場合とまったく同じになると思われる。したがって，S や Q 単独ではなく面電荷密度 $\sigma = Q/S$ の形で結果に現れるはずである。

　したがって，われわれは

$$d\,[\mathrm{m}], \qquad \varepsilon_0\,[\mathrm{C^2/Nm^2}], \qquad \sigma\,[\mathrm{C/m^2}]$$

から，電界の単位 [N/C] の単位を捻り出せばよいことになる[†1]。

$$[\mathrm{N/C}] = \frac{[\mathrm{C/m^2}]}{[\mathrm{C^2/Nm^2}]}$$

より

$$E = \frac{\sigma}{\varepsilon_0} = \frac{1}{\varepsilon_0}\left(\frac{Q}{S}\right) \tag{8.2}$$

とわかる。この式は 2 や π などの数学定数分の間違いはあるかもしれないが，**d を含まない**という部分には疑いはない。

　実際，式 (8.2) は定数 2 だけの間違いがあり，正しくは $E = 1/2\varepsilon_0 \cdot (Q/S)$ と知られている[†2]。しかし，平面電荷分布の肝である「極板の近くのほうが電界が強そうだという素朴な予想が正しくない」ことは，このような単純な単位合せからもわかるのである。

　この，単位合せだけで簡単に結果を予想する方法を **次元解析** と呼び，次元解析によって得られた「その状況に特徴的な時間や長さ，速さなど」を「特性時間」，「特性長」，「特性速度」などと呼ぶ。

　また，次元解析では定数部分は予言できないが，幸いにも，その定数部分は，ほとんどの場合，1/10〜10 程度である。これには明確な保証があるわけではないが，数学定数が出てくる理由が「x^2 の微分で肩から 2 が降りてきた」とか，「三角関数に絡んで 2π 倍された」などであることが多いため，「2 倍ズレた」とか「6.28… 倍ズレた」とかいう程度で済む場合が多い。

　ところで，定数部分があまり大きな数ではないという予想は，複雑な系の解析時には裏切られることもある。最も有名な例は流体の相転移に絡む臨界レイノルズ数である。

[†1] 電界の単位を [V/m] としている書籍も多い。$U_{電} = qV$ などから [V] の正体を考えれば，[V] = [J/C] なので [V/m] = [N/C] とわかるだろう。

[†2] 電気関係で並行平板コンデンサの原理を学ぶ前後で，ガウスの法則の応用例として登場することが多い。

水流や風など，なんらかの流体の状態は，その速度が遅いときには全体が統一的な運動をし，ある場所の流れの様子は時間が経ってもまったく変化しない（個々の水分子などはより下流に移動しているが，その代わりの水分子が上流から移動してきているので変化していないように見える）**定常流**（層流）であるが，流速が速くなると「渦」が現れ，場所を固定しても時刻によって流れの様子がどんどん変化してくる**非定常流**（乱流）となる。

流体の様子を決定する因子と思われる，流体の密度 ρ〔kg/m³〕，粘性係数 η〔kg/ms〕，流域の形に関係した長さ（円管の直径など）l〔m〕を次元解析して得られる特性速度 $v_\text{特}$〔m/s〕は

$$〔\text{m/s}〕= \frac{〔\text{kg/ms}〕}{〔\text{kg/m}^3〕\cdot 〔\text{m}〕}$$

より，$v_\text{特} = \eta/\rho l$ となる。実際に定常流から非定常流への相転移が起きる速度（臨界速度）を $v_\text{臨}$〔m/s〕とすると，われわれは $v_\text{臨}/v_\text{特}$ をこれまで通り 1/10〜10 程度の値だと**期待**する。

しかし，この比は意外にも 1 000〜2 000 という大きな数になることが知られている。つまり，流体の実際の速度 v に対して，レイノルズ数 Re を

$$Re = \frac{v}{v_\text{特}} = \frac{\rho v l}{\eta} \tag{8.3}$$

と定義すると，Re の小さいうちは（流速の遅いうちは）流体は定常流を成すが，流速を速くしてゆくと，$Re \simeq 1\,000$〜$2\,000$ となった頃に非定常流となるのである[†1]。

8.3 単位と次元

前節までは「単位」という言葉を使っていたが，正確にいえば物理式で「単位」が完全に合っている必要はない。

$$1.00\,\text{m} = 100\,\text{cm}$$

という式が正しいのは明らかだが，〔m〕と〔cm〕は「同じ単位」ではない。本来重要なのは「同じ単位」であることではなく，「同じ量（長さ）を測るための単位」であることなのだ。

そこで，「同じ量を測るための単位」という意味で「同じ**次元**の単位」という言葉を使おう[†2]。例えば，「直径」や「厚さ」，「遠さ」，「深さ」などは，すべて同じ「長さの次元」を持ち，〔m〕，〔mm〕，〔inch〕，〔尺〕，〔海里〕などは，すべて「同じ次元の単位」というわけである。

[†1] この数値はもちろん大きな幅を持っているので，例えば，正方形の水道管の特性長 l として辺長をとるのか対角線長をとるのかなどということは気にしなくてよい。
また，当然ながら，流線型の物体は比較的大きなレイノルズ数になっても定常流を作り続ける。

[†2] 「次元」という言葉には色々な意味があり，数学内だけでも多くの分野にそれぞれの使い方がある。ここでいう「次元」は「三次元空間」などという場合とは（イメージすら）かなり違っているので注意。

8. 次 元 解 析

普通，長さ (length) の次元を $[\mathbf{L}]$，質量 (mass) の次元を $[\mathbf{M}]$，時間 (time) の次元を $[\mathbf{T}]$ とし，面積や速さ，力の次元はそれぞれ $[\mathbf{L}^2]$，$[\mathbf{LT}^{-1}]$，$[\mathbf{LMT}^{-2}]$ と書く。

数学定数 π や e，1，2，3，... などは無単位なので当然，無次元だが，それらとは別に，単位は振られているが無次元という量もある。例えば，[倍] や [個]，[人] は単位といえないこともないだろうが，次元を持つとはいえない。(もし，[倍] になんらかの次元を認めたら，3 [m] × 2 [倍] = 6 [m] のような式でさえ式の左右で次元が合わなくなってしまう)。

同様な理由で，角度の単位 [rad] や（増幅回路の性能を表す）利得の単位 [dB] も「単位」扱いされることが多いが，じつは無次元である[†1]。

また，三角関数，指数関数，対数関数等の引数はつねに無次元量でなくてはならない。以前にも繰り返し注意したように，x, t が長さや時刻を表しているなら，$\sin x$ や e^t という物理式は有り得ず，必ず，波数 k [1/m] や減衰定数 a [1/s] を補った，$\sin kx$ や e^{-at} の形となる[†2]。

このように，数式を取り扱う際につねに単位を気にする必要性が理解できると，ライプニッツ書式の二階微分の記号が

$$\frac{\mathrm{d}^2 x}{\mathrm{d}t^2}$$

であって

(a) $\dfrac{\mathrm{d}^2 \cancel{x}}{\cancel{\mathrm{d}^2 t}}$,   (b) $\dfrac{(\mathrm{d}x)^{\cancel{2}}}{\mathrm{d}t^2}$,   (c) $\dfrac{\mathrm{d}x^{\cancel{2}}}{\cancel{\mathrm{d}}t^2}$

などではなかった理由も，はっきりする。

例えば，x は [m] の単位，t は [s] の単位を持つとすると，x [m] を t [s] で二階微分した量（加速度）は $[\mathrm{m/s^2}]$ という単位を持つべきである。正しい書式では二階微分の単位は $[\mathrm{m/s^2}]$ であると一目でわかるが[†3]，(a) では [m/s]，(b)，(c) では $[\mathrm{m^2/s^2}]$ という単位を持っているように見えてしまう（数学記号 d はもちろん単位を持っていない）。

[†1] [rad] は円弧と半径の比で定義されているし，[dB] は入力と出力の比の対数から定義されている。また物質量は国際規格で次元量とされ，単位 [mol] を与えられているが，物理分野の人はたいてい「12 個を 1 ダースとする」のと同じ程度の意味で，「6.02×10^{23} 個を 1 mol とする」としか思っていない。

[†2] 数値を求める練習問題で，特に（簡単のため）$k = 1$ [1/m] としてあるときなど，$\sin x$ と書いてしまっている書籍もあるが，少なくとも式変形の 1 行目では $\sin\left(1_{[1/\mathrm{m}]} \cdot x\right)$ などとするべきだろう。

[†3] 「(t^2) での一階微分」と区別するために，分子 (?) の d を d^2 として二階微分であると明示するルールは完全に直感的というわけではないが，単位が直感的にわかるようにするほうが重要なのである。

8.4 MKSA単位系

例えば,面積の単位を基本単位[a]（アール）として,長さの単位を$[a^{1/2}]$とするのも理屈としては可能である。しかし,ごく普通の感性の人ならば,「面積」よりも「長さ」の方が基本的な量だと感じるはずである。

このように,選び方はほかにあったかもしれないが,普通の感覚ならばこれが最も基本的だろうとして,長さ,質量,時間,そして電流を選んだのが MKSA 単位系である。それぞれの基本単位は[m],[kg][†1],[s],[A][†2]であり,[kg]を除いたほかの単位は,基本単位に「k」（キロ）や「m」（ミリ）といった接頭語を冠して 1 000 倍や 1/1 000 倍の単位として使う。

代表的な単位の接頭語を表 8.1 に載せるが,欧米での数字の数え方の習慣[†3]に従って,1 000 倍ごとに接頭語が用意されており,10 倍や 100 倍等の接頭語は統一的ではない([cm]（センチメーター）は使うが,[cs]（センチセコンド）とはいわないなど,習慣に左右される)。

表 8.1 単位の接頭語

f	p	n	μ	m	k	M	G	T
フェムト	ピコ	ナノ	マイクロ	ミリ	キロ	メガ	ギガ	テラ
10^{-15}	10^{-12}	10^{-9}	10^{-6}	10^{-3}	10^{3}	10^{6}	10^{9}	10^{12}

練習問題 8.2

6 章の例題 6.6 で見た CR 回路の充放電の特性時間（この場合,特に**時定数**と呼ばれる）τ[s]を次元解析によって求めよう。

(1) $Q = CV$, $i = dq/dt$ の式を使うと[F]を[V]と[A],[s]の組合せにできる。同様に $V = IR$ の式を使って[Ω]も[V]と[A]の組合せにし,C, R, V_0 から[s]の単位を持つ式を作れ。

(2) $\chi_C = 1/\omega C$ の式を使って[F]を[Ω]と[s]の組合せにし,C, R, V_0 から[s]の単位を持つ式を作れ(ω の単位は[rad/s] = [1/s])。

(3) 適当な式を使って,[F],[V],[Ω]すべてを,[m],[kg],[s],[A]の組合せにし,[s]の単位を持つ式が 1 種類しか作れないことを確かめよ。

[†1] 質量の基本単位は[g]ではなく[kg]である。「基本単位に接頭語を冠する」という立場からいえば不自然だが,1 g では軽すぎたのだろう。

[†2] 電荷量[C]のほうが基本的だと感じる読者も多いと思うが,現状では電流が使われている。また,磁気的な物理量もすべて電気的な物理量から組み立てられる。

[†3] 日本では 10^4 ごとに「万」,「億」,... と新しい読み方になるが,英語では thousand (10^3) の 10 倍が ten thousand であり,10^3 倍ごとに million, billion, ... と,新しい単語が登場する。

8. 次元解析

練習問題 8.2 の (1), (2) は簡単で (3) は煩雑に見えるかもしれない。しかし, 「$\chi_C = 1/\omega C$ の式を使って〔F〕を〔Ω〕と〔s〕の組合せにし～」などの誘導がない場合, 単位の書換えが自由にでき過ぎて結局元の単位に戻ってきたり, かえって困惑する羽目になりかねない。

一般的には「どの単位は分解せずに残しておいたほうが得なのか」を判断するのは容易ではなく,「とりあえず, 全部基本単位まで分解しておこう」とするほうが堅実な態度である。

MKSA 単位系とはこの基本単位を〔m〕,〔kg〕,〔s〕,〔A〕の四つに定めている単位系なのである[†]。

練習問題 8.3

LC 直列回路, 並列回路の共振角周波数 $\omega_{共}$〔1/s〕を次元解析から求めよ。

章 末 問 題

【8.1】 重力による位置エネルギーや運動エネルギー, バネによる位置エネルギー, 点電荷による位置エネルギーなど, エネルギーを与える式を調べ, それらの単位が〔J〕＝〔kg m²/s²〕になっていることを確認せよ。

【8.2】 電位の単位〔V〕を基本単位に分解し, 電力の単位〔W〕が正に仕事率の単位でもあることを示せ。
(ヒント：オームの法則を使っても〔Ω〕が処理し難い。静電界による位置エネルギーの式を使おう。)

【8.3】 真空中での電磁波の進行速度 v〔m/s〕は真空中の誘電率 ε_0 と真空中の透磁率 μ_0 だけで決定されるはずである（電界と磁界以外なにもないから）。

v を ε_0 と μ_0 で表し, 具体的な数値を求めよ。　　　　　　　　　　　　　【電卓推奨】

ただし, $\varepsilon_0 = 8.85 \times 10^{-12}$ C²/Nm², $\mu_0 = 1.26 \times 10^{-6}$ Wb²/Nm² であり, 磁荷の単位〔Wb〕(ウェーバー) は直線電流の作る磁界の式 H〔N/Wb〕$= \dfrac{I\,〔\mathrm{A}〕}{2\pi r\,〔\mathrm{m}〕}$ を使って書き直せる。

【8.4】 太陽系の各惑星は, 万有引力によって太陽からの力を受けて回転運動をしている。

(1) 万有引力定数 G〔m³/kg s²〕, 太陽の質量 $M_太$〔kg〕, 各惑星の公転半径 R〔m〕を用いた次元解析により, 公転周期 T〔s〕の R 依存性を求め, 公転半径が地球の 0.723 倍の金星, 1.52 倍の火星, 5.20 倍の木星について, その周期が何年であるか予想せよ。　　【電卓推奨】

(2) $G = 6.672 \times 10^{-11}$ m³/kg s², $M_太 = 1.989 \times 10^{30}$ kg, $R = 1.496 \times 10^{11}$ m を使い, 次元解析によって予想される地球の公転周期を求め, 実際の周期と比較せよ。　　【電卓推奨】
(この話には惑星の質量 m は必要ない。各惑星は m に比例した引力を受けるが, その力を m で割った加速度しか生じないので, 効果がキャンセルされてしまうからだ。)

[†] 以前は〔cm〕,〔g〕,〔s〕,〔A〕を基本とする cgsA 単位系も頻繁に使われていた。
また, 基本次元の選択にケチを付け,「〔A〕の代わりに〔C〕＝〔A s〕を基本単位としたほうがピンとくる」と思うこともあるだろうし,「$[\mathbf{L^2 M^1 T^{-1} A^0}]$, $[\mathbf{L^3 M^{-1} T^{-2} A^0}]$, $[\mathbf{L^1 M^0 T^{-1} A^0}]$, $[\mathbf{L^{-3} M^{-1} T^4 A^2}]$ の四つの次元を基本としたい」などと思う奇特な人も居るかもしれない。いずれにせよ, MKSA の四つの次元の代わりをさせるなら四つの次元が必要にして十分である。ここに温度の次元〔Θ〕（標準的な単位は °K (ケルビン)）を加えれば, 通常の物理量はすべて取り扱える。

9 フーリエ解析

(本章の主目的は式 (9.5) のフーリエ展開である。9.2 節以降は難しく感じるなら読み飛ばしてもよい。)

9.1 フーリエ展開

図 **9.1** は三つの正弦波の合成例である。$f_1(t)$, $f_2(t)$, $f_3(t)$ が与えられていれば，それを合成して $f_1(t) + f_2(t) + f_3(t) = F(t)$ になることを確認するのは容易いが，逆に $F(t)$ しか与えられていない場合に，$F(t) = f_1(t) + f_2(t) + f_3(t)$ であると見抜くのは，容易いことではない。

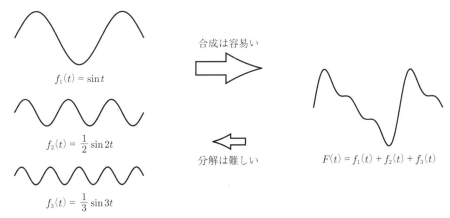

図 **9.1** 三つの sin 関数の合成
周期の異なる三つの sin 関数に適当な係数 $(1, 1/2, 1/3)$ を掛けて合成することは
簡単だが，逆に，合成された波形から元の sin 関数を知るのは難しく思える。

しかし，現実には直接測定した信号は $F(t)$ のような形であり，それをいくつかの原因に**分解する**という作業が必要になる機会は多い。このような要求に答えてくれる道具がフーリエ展開である。

まず周期 2π の奇関数 $F(t)$ (すなわち $F(t+2\pi) = F(t)$ かつ $F(-t) = -F(t)$ が成り立つ関数) を考える。そして，この $F(t)$ は適切な係数 $b_1, b_2, \ldots$ (まとめて「数列 $\{b_n\}$」と表現する) によって

$$F(t) = b_1 \sin t + b_2 \sin 2t + b_3 \sin 3t + \cdots$$
$$= \sum_{n=1}^{\infty} b_n \sin nt \tag{9.1}$$

と書けるものとする。われわれが知りたいのは、どのような数列 $\{b_n\}$ を用意すれば式 (9.1) が成り立つかである[†1]。

さて、ともかく式 (9.1) が成り立っているとした上で、両辺に $\sin mt$ を掛けて積分を行う (m は自然数)。

$$\int_0^{2\pi} F(t) \cdot \sin mt \, dt = \sum_{n=1}^{\infty} b_n \int_0^{2\pi} \sin nt \cdot \sin mt \, dt$$
$$= b_1 \times 0 + b_2 \times 0 + \cdots + b_m \times \pi + \cdots$$
$$= \pi b_m \tag{9.2}$$

したがって

$$b_m = \frac{1}{\pi} \int_0^{2\pi} F(t) \cdot \sin mt \, dt \tag{9.3}$$

となる。

ここで「余分な項を削ぎ落とす」ために使った積分 (**直交定理**)

$$\int_0^{2\pi} \sin nt \cdot \sin mt \, dt = \pi \cdot \delta_{mn} \tag{9.4}$$

は 5.4 節で証明してある。

ここで本題に戻すと、$F(t)$ が与えられたとき、必要と思われるすべての m について式 (9.3) の積分を実行すれば、数列 $\{b_m\}$ が求まり、必要な程度の精度で式 (9.1) の展開が完成するのである。(もちろん、測定した $F(t)$ に対しての式 (9.3) の計算は、手では到底できないが、計算機(コンピューター)に数値計算をさせればよい。)

さて、次はもっと一般の関数について話をしてみよう。

式 (9.1) によるフーリエ展開は、どのような $\{b_n\}$ の組を持ってきても奇関数しか表せない。この性質は $\sin(-x) = -\sin x$ であることから来ている[†2] ため、この制約を外すには $\cos$ を混ぜてやればよい。

また、式 (9.1) によるフーリエ展開では $F(t)$ の周期は必ず 2π となる。これは、どんな整数 n に対しても $\sin nx = \sin n(x + 2\pi)$ がいえるからであって、周期を任意の T としたければ $\sin nt$ を $\sin\left(2\pi n \frac{t}{T}\right)$ と変更すればよい。

[†1] 「数学」をやるとき以外は、数列 $\{b_n\}$ が本当に無限まで必要になることはない。適当な個数の数列 $b_1, b_2, \ldots, b_N$ まで使えば、充分によい近似として上式は成り立つ。

[†2] 青い積み木をどのように組み合わせても、赤いお城は作れない。

結局，一般の周期関数 $F(t)$ に対するフーリエ展開は

$$\begin{aligned} F(t) &= \frac{a_0}{2} + \sum_{n=1}^{\infty}\left\{a_n\cos\left(2\pi n\frac{t}{T}\right)+b_n\sin\left(2\pi n\frac{t}{T}\right)\right\} \\ &= \frac{a_0}{2} + \sum_{n=1}^{\infty}(a_n\cos\omega_n t + b_n\sin\omega_n t) \end{aligned} \qquad (9.5)$$

となる（ただし，$\omega_n = 2\pi n/T$）。なお，初項 $a_0/2$ は，本来なら $a_0\cos\omega_0 t$ に対応する項であるが，後々の都合であえて 2 で割る形で定義してある[†1]。

このように拡張しても，式 (5.7)〜(5.9) の拡張版

$$\int_0^T \sin\omega_m t \times \sin\omega_n t \ dt = \frac{T}{2}\cdot\delta_{mn} \qquad (9.6)$$

$$\int_0^T \cos\omega_m t \times \cos\omega_n t \ dt = \frac{T}{2}\cdot\delta_{mn} \qquad (9.7)$$

$$\int_0^T \cos\omega_m t \times \sin\omega_n t \ dt = 0 \qquad (9.8)$$

を用いれば，式 (9.3) と同様にして，$\{a_m\}$，$\{b_m\}$ はすべて求まる（これら直交定理については 5.4 節を参照）。

フーリエ展開

周期 T の周期関数 $F(t)$ を，周期 $T, T/2, T/3, \ldots$ を持つ無数の sin 関数，cos 関数によって

$$F(t) = \frac{a_0}{2} + \sum_{n=1}^{\infty}(a_n\cos\omega_n t + b_n\sin\omega_n t)$$

のように展開するとき，各係数は

$$a_0 = \frac{2}{T}\int_0^T F(t) \ dt \qquad (9.9)$$

$$a_n = \frac{2}{T}\int_0^T F(t)\cdot\cos\omega_n t \ dt \qquad (9.10)$$

$$b_n = \frac{2}{T}\int_0^T F(t)\cdot\sin\omega_n t \ dt \qquad (9.11)$$

により与えられる[†2]。ただし，$\omega_n = \dfrac{2\pi n}{T}$。

[†1] このように定義する利点はすぐに示されるが，最初の段階での不自然さを嫌って 2 で割らない定義や，すべての項を $\sqrt{\pi}$ で割っておく定義など，いくつかの流儀がある。

[†2] ここでは，一応，a_0 を別扱いしてあるが，$\cos 0 = 1$，$\sin 0 = 0$ 等に注意すると，式 (9.10), (9.11) がじつは $n=0$ の場合も含んでいることに気付くだろう。

この合成関数 $F(x)$ の「材料」である $\cos\omega_n t, \sin\omega_n t$ を「成分」と呼び,「各成分がどれだけ大きな影響力を持っているか」を表す a_n, b_n を「スペクトル」と呼ぶ[†]。

まとめよう。さまざまな測定の結果として現れる複雑な周期関数の解析は,その複雑なデータをそのまま扱うより,よく知っている関数（sin 関数と cos 関数）いくつかの合成で書き直したほうが理解にも記録にも便利である。フーリエ展開とは,その「書き直し」を行う手法なので,実際の現象の測定,解析時には非常に重要なのである。

例題 9.1

図 9.2 のような「のこぎり波」をフーリエ展開せよ。

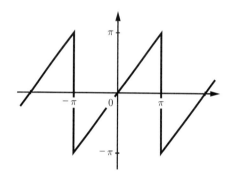

図 9.2 のこぎり波
一見すると単純で簡単な図形に見えるが, $x = (2n+1)\pi$ で不連続という性質は物理的な関数としては決して扱いやすいものではない。

解答

まず,「のこぎり波」を定義する。

図 9.2 では $F(x)$ は $x = -\pi, \pi$ について値が定まっていないが,便宜上, $F(\pi) = F(-\pi) = 0$ としておき, $-\pi < x < \pi$ の範囲では

$$F(x) = x \tag{9.12}$$

である周期 2π の奇関数とする。

するとフーリエ展開は

$$f(x) = \sum_{n=1}^{\infty} b_n \sin nx \quad \text{（周期は } 2\pi\text{）} \tag{9.13}$$

のように, sin 項だけを含むタイプであることが自明であり,その各係数 b_n を式 (9.3) と同様の手順によって求めると

[†] 正確には,同じ周期の sin と cos は合成できる（付録 A.2.4 の式 (A.20)）ので,「とにかく角周波数 ω_n の成分」の強さとして $\sqrt{a_n{}^2 + b_n{}^2}$ をスペクトルと呼ぶ。

$$
\begin{aligned}
b_n &= \frac{1}{\pi}\int_{-\pi}^{\pi} F(x)\cdot \sin nx \ \mathrm{d}x \\
&= \frac{1}{\pi}\int_{-\pi}^{\pi} x\sin nx \ \mathrm{d}x \\
&= \frac{1}{\pi}\left[x\cdot\left(-\frac{1}{n}\cos nx\right)\right]_{-\pi}^{\pi} - \frac{1}{\pi}\int_{-\pi}^{\pi} 1\cdot\left(-\frac{1}{n}\cos nx\right)\ \mathrm{d}x \\
&= \frac{1}{\pi}\left[x\cdot\left(-\frac{1}{n}\cos nx\right)\right]_{-\pi}^{\pi} - \frac{1}{\pi}\left[-\frac{1}{n^2}\sin nx\right]_{-\pi}^{\pi} \\
&= 2\times\frac{-1}{n}\cos\pi n - 0 \\
&= \begin{cases} 2/n &:\ n\text{ が奇数} \\ -2/n &:\ n\text{ が偶数} \end{cases} \\
&= -(-)^n \frac{2}{n} \tag{9.14}
\end{aligned}
$$

となる†。したがって

$$
F(x) = 2\sin x - \sin 2x + \frac{2}{3}\sin 3x - + \cdots \tag{9.15}
$$

と展開できる。

なお，式 (9.15) の最初の数項までの概形を図 **9.3** に示した。

このような「不自然な」関数に対してでさえフーリエ展開を行うことが可能である。現実的な周期関数に対してなら，フーリエ展開が可能かどうかを心配する必要はほとんどない。

練習問題 9.1

図 **9.4** に示した方形波
$$
f(t) = \begin{cases} 1 &:\ 2n\pi < t < (2n+1)\pi \\ -1 &:\ (2n+1)\pi < t < (2n+2)\pi \\ 0 &:\ t = n\pi \end{cases}
$$
ただし，n は整数。

に対してフーリエ展開を行え。

(ヒント：奇関数なので cos の項は要らない。また，式 (9.3) の積分においては $F(t)=1$ の区間と $F(t)=-1$ の区間を別々に考えればよい。)

係数の一般解を求めたら，実際に最初の 5 項（$b_1 \sim b_5$，ただし，いくつかは 0 である）を計算し，グラフを描いてみよ。（0 から 2π まで 0.1 刻み位の t に対して計算機で値を計算すれば十分である。）

---

† 途中，部分積分を行った。

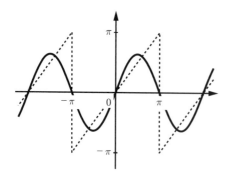

(a) $n=1$ までの和

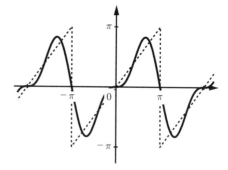

(b) $n=2$ までの和

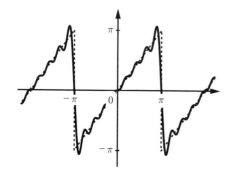

(c) $n=8$ までの和

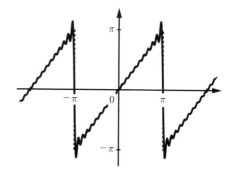

(d) $n=20$ までの和

図 **9.3** のこぎり波のフーリエ展開

(a) $F_1(x) = 2\sin x$
(b) $F_2(x) = 2\sin x - \sin 2x$
(c) $F_8(x) = 2\sin x - \sin 2x + - \cdots - (1/4)\sin 8x$
(d) $F_{20}(x) = 2\sin x - \sin 2x + - \quad \cdots \quad - (1/10)\sin 20x$

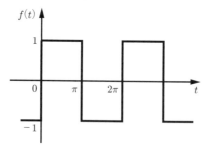

図 **9.4** 方 形 波

$f(t)$ は，t の値によって $+1$ または -1 の値をとるので，2 種類の区間に分けてしまえば，非常に取り扱いやすい。

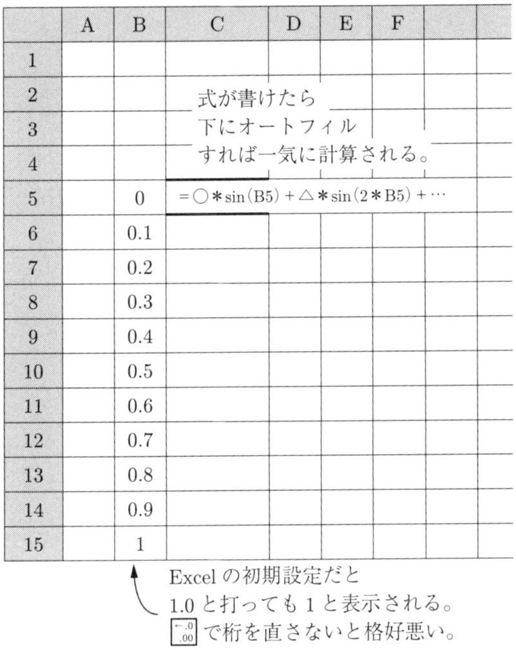

図 9.5 MS-Excel で計算する例

(1) 適当なセルに 0，その下のセルに 0.1 を書き，オートフィル（黒十字をドラッグ）で 6.5 まで書かせる。
(2) 隣のセルに数式を書く。（図中「○」や「△」となっている所には式 (9.3) を使って求めた $b_1, b_2, \ldots$ の値を入れる。）
(3) 数式を書いたセル（この図では C5 のセル）をオートフィルすれば，数式中の変数部分が自動的に変化し（B5 と書かれている部分が B6, B7 と変化する），$0, 0.1, 0.2, \ldots$ に対する関数の値が計算される。
(4) 値が計算できたら，グラフを作る（Excel の機能を使ってもよいし，手で描いてもよい）。

このようなグラフを PC で描かせるには MS-Excel を使ってもよい（**図 9.5**）が，グラフソフトを使ったほうがよい。例えば gnuplot[†] を使うなら

 gnuplot> plot b_1*sin (x) +b_2*sin(2.0*x)+b_3*sin(3.0*x)+$\cdots$

とするだけでよい（もちろん $b_1, b_2, \ldots$ のところには実際に求めておいた数字を書く）。

（割算記号として「/」も使えるが，計算機の約束事として，結果が小数になる場合に勝手な四捨五入をされてしまうことがあるので注意する。例えば 1/2 を計算させたいときには，1/2 と書いたのでは「整数でやるから，小数点以下切捨てね」と指示したことになってしまう。「小数でやるから，できるだけ細かくね」と指示するためには「.0」を補って 1.0/2.0 と書く。）

9.2　正規直交基底

ここで，フーリエ解析から少し離れて，「展開」と「基底」について注意を喚起しておこう。

一般に，与えられた関数を既知の関数の線形結合で書き直すことを「展開」と呼ぶ。その，いわば「材料」となる既知の関数群（テイラー展開では $\{x^n\}$，フーリエ展開では三角関数が用いられた）を**基底**と呼び，どの関数群を基底とするかによって，さまざまな展開方法がある。

[†] 不動の地位と性能を誇るグラフソフト。数式からでも測定データからでもグラフが描けるし，高品質かつ無料なので導入を薦める。
適当なサーチエンジンで「gnuplot とは」などをキーワードに検索してみればすぐに関連ページが見つかるだろう。

9. フーリエ解析

> **展開**
>
> 与えられた関数 $F(x)$ を既知の関数群 $\{f_n(x)\}$ を用いて
>
> $$F(x) = \sum_n a_n f_n(x) \tag{9.16}$$
>
> と書き直すことを「基底 $f_n(x)$ による展開」と呼ぶ[†1]。展開係数 $\{a_n\}$ は $F(x)$ によって決定される係数であり、通常、$F(x)$ に対して具体的に $\{a_n\}$ を求める作業が展開の主要な実作業となる。

ここで、適当な線形演算「$\circ$」に対して

$$f_n(x) \circ f_m(x) = \begin{cases} 0 & : \quad m \neq n \\ \text{not } 0 & : \quad m = n \end{cases} \tag{9.17}$$

であるなら[†2]、すなわち、ある種の直交関係が成り立っているなら、このような基底を**直交系**と呼ぶ。直交系を基底とする展開は「余分な項の削ぎ落とし」が簡単で、展開係数 $\{a_n\}$ を

$$a_n = \frac{1}{\left(f_n(x) \circ f_n(x)\right)} \times \left(F(x) \circ f_n(x)\right) \tag{9.18}$$

により、容易く決定できるというメリットがある。

さらにいえば、式 (9.18) の分母、$f_n(x) \circ f_n(x)$ は少々煩雑なので、基底 $\{f_n(x)\}$ を

$$f_n(x) \circ f_m(x) = \delta_{nm} \tag{9.19}$$

となるように（うまいこと）選べば[†3]、

$$a_n = F(x) \circ f_n(x) \tag{9.20}$$

となり、非常に便利である。このような基底を**正規直交系**と呼ぶ[†4]。

[†1] テイラー展開やフーリエ展開は別格として、「ベッセル関数を使ったベッセル関数展開」、「球面調和関数を使った球面調和関数展開」など、基底の名前がそのまま展開の名前になるのが普通である。

[†2] 線形演算「$\circ$」などと書くと難しく見えるが、フーリエ展開に関しては式 (9.6)〜(9.8) の積分をまとめて表現しただけと思ってよい。ただし「掛算をしてから積分」はあくまで一つの例であり、掛算の後で別の関数を掛けてみたり複素共役をとったりと色々な「演算」がある。

[†3] $f'_n(x) = \dfrac{1}{\sqrt{f_n(x) \circ f_n(x)}} f_n(x)$ により、正規直交系 $\{f'_n(x)\}$ を得ればよい。

[†4] テイラー展開の基底 $\{x^n\}$ は見慣れた関数という意味で非常に魅力的だが、非直交系なので基底としては不利であり、「n 階の微分係数すべてを再現する」という（典型的ではない）削ぎ落としを使うはめになっていた。最も有名な展開が例外的なせいで混乱するかもしれないが、普通の展開は完全正規直交系を基底にとる。

なお,「sin 関数と cos 関数だけで周期関数が必ずフーリエ展開できると無邪気に信じることはできない(例えば tan 関数は必要ないのか?)」と心配する読者もいるだろう。

基底 $\{f_n(x)\}$ だけですべての関数を展開できるかどうかは「**完全性(または完備性**)」と呼ばれる性質で,(ここでは証明しないが)「$\sin nx$ と $\cos nx$ すべて」という基底は,(実用上登場する程度のマトモな)周期 2π の関数に対しては完全性を持っている。

9.3 複素フーリエ展開

式 (9.5) も充分に美しく実用的な形であるが,複素数を使ってさらに書き換えてみよう。

本書では複素数については扱っていないので恐縮だが,オイラーの式

$$e^{i\theta} = \cos\theta + i\sin\theta \tag{9.21}$$

を認めれば

$$\cos\theta = \frac{e^{i\theta} + e^{-i\theta}}{2}, \qquad \sin\theta = \frac{e^{i\theta} - e^{-i\theta}}{2i}$$

とできる(i は虚数単位)。これらを用いて,式 (9.5) を変形すれば

$$\begin{aligned}
F(t) &= \frac{a_0}{2} + \sum_{n=1}^{\infty} \left\{ \frac{a_n}{2}\left(e^{i\omega_n t} + e^{-i\omega_n t}\right) + \frac{b_n}{2i}\left(e^{i\omega_n t} - e^{-i\omega_n t}\right) \right\} \\
&= \frac{a_0}{2} + \sum_{n=1}^{\infty} \left(\frac{a_n}{2} e^{i\omega_n t} + \frac{b_n}{2i} e^{i\omega_n t} \right) + \sum_{n=1}^{\infty} \left(\frac{a_n}{2} e^{-i\omega_n t} - \frac{b_n}{2i} e^{-i\omega_n t} \right) \\
&= \frac{a_0}{2} + \sum_{n=1}^{\infty} \left(\frac{a_n}{2} e^{i\omega_n t} + \frac{b_n}{2i} e^{i\omega_n t} \right) + \sum_{n'=-\infty}^{-1} \left(\frac{a_{n'}}{2} e^{i\omega_{n'} t} + \frac{b_{n'}}{2i} e^{i\omega_{n'} t} \right) \\
&= \sum_{n=-\infty}^{\infty} \left(\frac{a_n}{2} e^{i\omega_n t} + \frac{b_n}{2i} e^{i\omega_n t} \right) \\
&= \sum_{n=-\infty}^{\infty} c_n e^{i\omega_n t} \tag{9.22}
\end{aligned}$$

となる。ただし,先ほどまでは負の n については $\{a_n\}$, $\{b_n\}$, $\{\omega_n\}$ を考えていなかったが,$b_0 = 0$, $\omega_0 = 0$ とし,負数 $n' = -n$ に対しても

$$a_{n'} = a_n, \qquad b_{n'} = -b_n, \qquad \omega_{n'} = \frac{2\pi}{T}(-n) = -\omega_n \tag{9.23}$$

と定義した上で,すべての整数 n に対し複素係数 $\{c_n\}$($\{a_n\}$, $\{b_n\}$ は実数だった)を

$$c_n = \frac{a_n}{2} + \frac{b_n}{2i} = \frac{a_n}{2} - \frac{ib_n}{2} \tag{9.24}$$

と定義している。このようにして,式 (9.22) のような,技巧的で美しい変形が可能となる。この場合,複素係数 $\{c_n\}$ は

$$c_n = \frac{1}{T}\int_0^T F(t)\,\mathrm{e}^{-\mathrm{i}\omega_n t}\,\mathrm{d}t \tag{9.25}$$

で求められる。

複素フーリエ展開

周期 T の連続関数 $F(t)$ は $\omega_n = (2\pi/T)n$ たる直交基底 $\{\mathrm{e}^{\mathrm{i}\omega_n t}\}$ によって展開可能で

$$F(t) = \sum_{n=-\infty}^{\infty} c_n \mathrm{e}^{\mathrm{i}\omega_n t}$$

を複素フーリエ展開と呼ぶ。その展開係数 $\{c_n\}$ は

$$c_n = \frac{1}{T}\int_0^T F(t)\mathrm{e}^{-\mathrm{i}\omega_n t}\,\mathrm{d}t$$

によって求まる。

練習問題9.2

複素共役と積分を使った線形演算

$$f(t) \circ g(t) = \int_0^T f(t)\cdot\bigl(g(t)\bigr)^* \,\mathrm{d}t$$

に対して,以下を示せ。

(1) $n \ne m$ に対して $\mathrm{e}^{\mathrm{i}\omega_n t} \circ \mathrm{e}^{\mathrm{i}\omega_m t}$ を計算し,基底 $\{\mathrm{e}^{\mathrm{i}\omega_n t}\}$ が直交系であることを示せ。

(2) 基底を $\{\mathrm{e}^{\mathrm{i}\omega_n t}/\sqrt{T}\}$ に変えると,この基底は正規直交系となることを示せ。

9.4 フーリエ変換

フーリエ展開は周期関数に対してのみ行うものである。基底が $\sin$ と $\cos$ であるから,「周期を持つ」という条件は外し難い制約と思えるだろう。

しかし,ここで,周期関数でない $F(t)$ を取り扱うために,$T \to \infty$ という荒技を使うことにする(T を無限に大きくとれば1周期が終わった後のことを心配する必要はなくなり,形式的には非周期関数に対しても式 (**9.22**) と同じことが行えるだろう。ただし,このときの1周期分の積分は $0 < t < T$ ではなく,$-T/2 < t < T/2$ とする。)

そして，このとき，ω_n と ω_{n+1} の差，$2\pi/T$ は無限に小さくなる．つまり，ω は連続的に変化するようになり，区分求積法により $\sum$ は $\int$ で置き換えられる．このとき，c_n も連続関数に書き換わるが，これを $\mathcal{F}(\omega)$ と書き，「$F(t)$ のフーリエ変換」と呼ぶ．

$$F(t) = \frac{1}{2\pi} \int_{-\infty}^{\infty} \mathcal{F}(\omega)\, \mathrm{e}^{\mathrm{i}\omega t}\, \mathrm{d}\omega \tag{9.26}$$

であり，$\mathcal{F}(\omega)$ は

$$\mathcal{F}(\omega) = \int_{-\infty}^{\infty} F(t)\, \mathrm{e}^{-\mathrm{i}\omega t}\, \mathrm{d}t \tag{9.27}$$

である[†1]．$F(t)$ から $\mathcal{F}(\omega)$ を求めることを「フーリエ変換する」といい，$\mathcal{F}(\omega)$ から $F(t)$ を求めることを「フーリエ逆変換する」という[†2]．

(c_n との関係から $C(\omega)$ としたくなるのが当然だが，普通は Fourier の頭文字を取って $\mathcal{F}(\omega)$ とする．ほかにも，元の関数を $f(t)$，フーリエ変換後を $F(\omega)$ とする場合もあるが，関数 f を変換したと明示したい場合には $\mathcal{F}_{\{f\}}(\omega)$ とするのがよいだろう．)

ここまでの経緯でわかるように，フーリエ変換の意味は，**元の関数の周期（実際には存在しない）に関わらず，すべての周波数成分の強さを調べる**ということである．

元々のフーリエ展開は，時間の周期関数に対する数式変形であったが，空間の関数に対する変換を定義することもできる．時刻 t から位置 x，時間周期 T から空間周期 L（1 周期は $-L/2 < x < +L/2$ であるとする），角周波数 ω から波数(はすう) k へと文字の付替えを行い

$$F(x) = \sum_{n=-\infty}^{\infty} c_n \mathrm{e}^{\mathrm{i}k_n x} \tag{9.28}$$

$$\text{ただし，} c_n = \frac{1}{L} \int_{-\frac{L}{2}}^{\frac{L}{2}} F(x)\, \mathrm{e}^{-\mathrm{i}k_n x}\, \mathrm{d}x, \qquad k_n = \frac{2\pi}{L} n$$

とすれば，周期関数 $F(x)$ に対するフーリエ展開ができる．さらに，非周期関数に対しても

$$F(x) = \frac{1}{2\pi} \int_{-\infty}^{\infty} \mathcal{F}(k)\, \mathrm{e}^{\mathrm{i}kx}\, \mathrm{d}k, \qquad \mathcal{F}(k) = \int_{-\infty}^{\infty} F(x)\, \mathrm{e}^{-\mathrm{i}kx}\, \mathrm{d}x \tag{9.29}$$

が得られる．

[†1] 練習問題 9.2 で見たように $\mathrm{e}^{\mathrm{i}\omega t}$ は正規直交系ではない．ここを改良して $1/2\pi$ の扱いを変える流儀もある．

[†2] 角周波数 ω に不慣れな人のために，周波数 $f = \omega/2\pi$ を使って「フーリエ変換 $\mathcal{F}(f)$」という用語を使う場合もある．

10 ラプラス変換

10.1 ラプラス変換の定義と目的

t の関数 $f(t)$ に対して

$$F(s) = \int_0^\infty f(t)\,\mathrm{e}^{-st}\,\mathrm{d}t \tag{10.1}$$

とすると，s の関数 $F(s)$ は $f(t)$ から作られた新しい関数となる[†]。$F(s)$ を $f(t)$ のラプラス変換と呼び，その表記にはいくつかの流儀があるが，「f を変換した関数であること」，「s の関数であること」を明記するため，本書では $\mathcal{L}_{\{f\}}(s) = F(s)$ とする。

フーリエ変換においては，変換によって得られた関数 $\mathcal{F}(\omega)$ や $\mathcal{F}(k)$ には「周波数成分」あるいは「波数成分」といった物理的な意味があったが，ラプラス変換においては $\mathcal{L}_{\{f\}}(s)$ の意味は明白ではない。じつは，ラプラス変換は，変換した結果に意味があるというより，微積分方程式を解く際に道具として使われるという面が強いのである。

すなわち，$f(t)$ に関する微積分方程式を解くのが難しいときでも，ラプラス変換によって $\mathcal{L}_{\{f\}}(s)$ に関するもっと簡単な式に問題を書き換え，求めた $\mathcal{L}_{\{f\}}(s)$ を逆ラプラス変換して $f(t)$ を求める，という手順を踏むと問題が簡単に解ける場合があるのだ。

まずは関数 $f(t) = \mathrm{e}^{-at}$ をラプラス変換してみよう。式 (10.1) に従って $f(t) = \mathrm{e}^{-at}$ をラプラス変換すると

$$\begin{aligned}\mathcal{L}_{\{\mathrm{e}^{-at}\}}(s) &= \int_0^\infty \mathrm{e}^{-at} \cdot \mathrm{e}^{-st}\,\mathrm{d}t \\ &= \left[\frac{1}{-(a+s)}\mathrm{e}^{-(a+s)t}\right]_0^\infty\end{aligned}$$

[†] 式 (10.1) をフーリエ変換の定義式 (9.27) と比べると，いずれも

$$F(s) = \int_a^b f(t)\,K(s,t)\,\mathrm{d}t$$

と書ける形であり，積分変換と呼ばれる変換の一種である。フーリエ変換での $K(\omega,t) = \mathrm{e}^{-\mathrm{i}\omega t}$ と違って，ラプラス変換での $K(s,t) = \mathrm{e}^{-st}$ は ($s > 0$ ならば) 非常に強力に収束するので，$f(t)$ の性質が多少悪くても式 (10.1) は収束して値を持つ。

$$= \frac{1}{s+a} \tag{10.2}$$

となる（t には値を代入してしまうので，式 (10.2) は t の関数ではなくなり，s の関数となる）。ただし

$$\left[\frac{1}{-(a+s)}\,\mathrm{e}^{-(a+s)t}\right]_0^\infty = \frac{-1}{a+s}\left(\mathrm{e}^{-(s+a)\cdot\infty} - \mathrm{e}^0\right) = \frac{1}{s+a}$$

とできるのは $s+a>0$ の場合だけである[†1]。このように，無限大に絡んで積分の値が存在するかどうかの条件を**収束条件**[†2] と呼ぶ。

この調子で，色々な関数に次々にラプラス変換を試してゆくのは付録 A.4 に譲り，まずはラプラス変換のキモともいうべき性質を紹介し，応用性を眺めることを優先しよう。

微分のラプラス変換

$f'(t) = \mathrm{d}f/\mathrm{d}t$ とするとき

$$\mathcal{L}_{\{f'\}}(s) = s\mathcal{L}_{\{f\}}(s) - f(0) \tag{10.3}$$

となる。

証明

式 (10.1) に従えば

$$\mathcal{L}_{\{f'\}}(s) = \int_0^\infty \frac{\mathrm{d}f(t)}{\mathrm{d}t}\,\mathrm{e}^{-st}\,\mathrm{d}t$$

であり，これを e^{-st} を微分，$\mathrm{d}f/\mathrm{d}t$ を積分する形で部分積分すれば

$$\begin{aligned}
\mathcal{L}_{\{f'\}}(s) &= \left[f(t)\,\mathrm{e}^{-st}\right]_0^\infty - \int_0^\infty f(t)\left(-s\cdot\mathrm{e}^{-st}\right)\,\mathrm{d}t \\
&= \left(0 - f(0)\right) + s\int_0^\infty f(t)\,\mathrm{e}^{-st}\,\mathrm{d}t \\
&= s\mathcal{L}_{\{f\}}(s) - f(0)
\end{aligned} \tag{10.4}$$

が導ける[†3]。

さて，最低限（本当に最低限である）の準備ができたところで，本章の目的をはっきりさせるため，ラプラス変換によって微分方程式を解く過程を眺めてみよう。

[†1] $s+a<0$ の場合には $\mathrm{e}^{+\infty}$ が発散し，$s+a=0$ の場合には $1/(a+s)$ が $1/0$ 発散してしまう。
[†2] 応用上は収束条件をあまり気にしないで進めてよい。
[†3] 収束条件は $f(t)$ によるが，前述のように，マトモな関数に対しては s の適当な範囲でラプラス変換が存在すると期待してよい。

> **例題 10.1**
>
> 次の微分方程式を，初期条件 $f(0) = 1$ の下で解け。
>
> $$\frac{\mathrm{d}f(t)}{\mathrm{d}t} = -af(t)$$
>
> **解答**
>
> 両辺をラプラス変換すると
>
> $$s\mathcal{L}_{\{f\}}(s) - f(0) = -a\mathcal{L}_{\{f\}}(s)$$
>
> を得る。ここに $f(0) = 1$ を代入して整理すると
>
> $$(s + a)\mathcal{L}_{\{f\}}(s) = 1$$
>
> となる。$\mathcal{L}_{\{f\}}(s) = 1/(s+a)$ を式 (10.2) と見比べれば[†1]
>
> $$f(t) = \mathrm{e}^{-at}$$
>
> とわかる。

例題 10.1 では，もうすっかりお馴染みの微分方程式を例に，ラプラス変換を利用して微分方程式を解く過程を紹介した。ここで重要なことを 2 点指摘しておこう。

- $f(t)$ が満たすべき式には微分が含まれているが，$\mathcal{L}_{\{f\}}(s)$ が満たすべき式には微分は含まれていない。
- 通常の方法で解く場合と違い，一般解 $f(t) = A\mathrm{e}^{-at}$ の形を経ずに，直接的に解が求まる[†2]。

メリットばかりのように見えるが，聡明な読者は「$\mathcal{L}_{\{f\}}(s)$ が，たまたま式 (10.2) の右辺と等しかったから $f(t)$ を求められただけじゃないか」と気付くだろう。

一般には，$F(s) = \mathcal{L}_{\{f\}}(s)$ から $f(t)$ を求める変換，すなわち「逆ラプラス変換」を行えばよいのだが，当然，逆ラプラス変換の難易度が問題になる。$\mathcal{L}_{\{f\}}(s) = 1/(s+a)$ の決定が簡単でも，そこから $f(t) = \mathrm{e}^{-at}$ を求めるのが困難なのならば，わざわざ変換をする価値はなくなってしまうからだ。

[†1] 「逆ラプラス変換する」といってもよい。逆ラプラス変換については後に述べる。
[†2] 多くの実用的な問題では，微分方程式と，初期位置や初速度がわかっている（初期値問題という）。その場合，一般解を求めた上で任意定数を求める方法よりも，一気に特定の場合の解が求まるほうが簡単に済む場合が多い。

実際には，一般に逆ラプラス変換の計算は難しいのだが，（まさに，例題 10.1 でやったように）あらかじめ用意したラプラス変換表を用いることで積分計算を避けることができる[†1]。代表的な関数についてのラプラス変換を**表 10.1** に挙げる[†2]。

表 10.1 代表的な関数のラプラス変換・逆変換表

$f(t)$	$\mathcal{L}_{\{f\}}(s)$	収束条件	$f(t)$	$\mathcal{L}_{\{f\}}(s)$	収束条件
a	$\dfrac{a}{s}$	$s>0$	$e^{at}\sin\omega t$	$\dfrac{\omega}{(s-a)^2+\omega^2}$	$s>a$
t^n	$\dfrac{n!}{s^{n+1}}$	$s>0$	$e^{at}\cos\omega t$	$\dfrac{(s-a)}{(s-a)^2+\omega^2}$	$s>a$
e^{at}	$\dfrac{1}{s-a}$	$s>a$	$\sinh at$	$\dfrac{a}{s^2-a^2}$	$s>|a|$
$t^n e^{at}$	$\dfrac{n!}{(s-a)^{n+1}}$	$s>a$	$\cosh at$	$\dfrac{s}{s^2-a^2}$	$s>|a|$
$\sin\omega t$	$\dfrac{\omega}{s^2+\omega^2}$	$s>0$	$e^{at}\sinh bt$	$\dfrac{b}{(s-a)^2-b^2}$	$s>a+|b|$
$\cos\omega t$	$\dfrac{s}{s^2+\omega^2}$	$s>0$	$e^{at}\cosh bt$	$\dfrac{(s-a)}{(s-a)^2-b^2}$	$s>a+|b|$

10.2 ラプラス変換の基本法則

前節では応用性を紹介するのを急いだため，例題 10.1 を解くための最低限度のことしか紹介していない。改めて基本法則を紹介してゆこう。

10.2.1 線　形　性

練習問題 10.1

A は定数で，$f_1(t)$，$f_2(t)$ のそれぞれはラプラス変換可能だとして，次の式を証明せよ。

(1) $\mathcal{L}_{\{Af_1\}}(s) = A\mathcal{L}_{\{f_1\}}(s)$

(2) $\mathcal{L}_{\{f_1+f_2\}}(s) = \mathcal{L}_{\{f_1\}}(s) + \mathcal{L}_{\{f_2\}}(s)$

このような性質は線形性と呼ばれ，そもそも積分自体が線形的な計算であるために，ほとんど自明な式ともいえるが，侮ってはいけない。現実の世界は非線形な現象にあふれており，線形性が成り立つことは非常に有難いと認識しておいたほうがよい。

[†1] しかも，それは「面倒な計算の部分を他人にやっておいてもらう」以上の（本質的な）メリットのある手法なのである。

[†2] ここでもまた三角関数と双曲線関数（指数関数）の類似性が見えるが，$+\omega^2$ は正値をとり，$-a^2$ は負値をとる。これらを同一視するには「2 乗しているのに負になる数」が必要だ。

> **ラプラス変換の線形性**
>
> $f(t) = Af_1(t) + Bf_2(t)$ とするとき
> $$\mathcal{L}_{\{f\}}(s) = A\mathcal{L}_{\{f_1\}}(s) + B\mathcal{L}_{\{f_2\}}(s) \tag{10.5}$$
> が成り立つ。ただし，A,B は定数で，$f_1(t)$, $f_2(t)$ のそれぞれはラプラス変換可能だとする。

10.2.2 微分とラプラス変換

> **練習問題 10.2**
>
> $f''(t) = \mathrm{d}^2 f/\mathrm{d}t^2$ に対し，式 (10.4) を利用して
> $$\mathcal{L}_{\{f''\}}(s) = s^2 \mathcal{L}_{\{f\}}(s) - sf(0) - \left.\frac{\mathrm{d}f}{\mathrm{d}t}\right|_{t=0} \tag{10.6}$$
> を証明せよ。

同様に n 階微分 $f^{[n]}(t) = \mathrm{d}^n f/\mathrm{d}t^n$ に対しても

$$\begin{aligned}&\mathcal{L}_{\{f^{[n]}\}}(s) \\ &= s^n \mathcal{L}_{\{f\}}(s) - s^{n-1} f(0) - s^{n-2} \left.\frac{\mathrm{d}f}{\mathrm{d}t}\right|_{t=0} - \cdots - \left.\frac{\mathrm{d}^{n-1}f}{\mathrm{d}t^{n-1}}\right|_{t=0}\end{aligned} \tag{10.7}$$

が得られる。

しかし，実際に重要なのはニュートンの運動方程式に絡んでの二階微分までであることを明記しておく。

10.2.3 積分のラプラス変換

> **積分のラプラス変換**
>
> $F(t) = \int f(t)\,\mathrm{d}t$ とするとき
> $$\mathcal{L}_{\{F\}}(s) = \frac{1}{s}F(0) + \frac{1}{s}\mathcal{L}_{\{f\}}(s) \tag{10.8}$$
> となる。

> 練習問題 10.3

式 (10.8) を証明せよ。ただし，収束条件については言及しなくてよい。

10.3　逆ラプラス変換

10.3.1　一　般　解

ラプラス変換された関数 $F(s) = \mathcal{L}_{\{f\}}(s)$ から，元の関数 $f(t) = \mathcal{L}^{-1}{\{F\}}(t)$ を得ることを「逆ラプラス変換」と呼ぶ[†1]。

> **逆ラプラス変換**
>
> $F(s) = \mathcal{L}_{\{f\}}(s)$ のとき，逆ラプラス変換は
> $$f(t) = \frac{1}{2\pi \mathrm{i}} \int_{\sigma - \mathrm{i}\infty}^{\sigma + \mathrm{i}\infty} F(s)\,\mathrm{e}^{st}\,\mathrm{d}s \tag{10.9}$$
> となる。ただし，σ は適当な実数，s は複素数の範囲で積分する。

式 (10.9) は難しい。このためだけに複素積分[†2]を学ぶくらいなら，微分方程式を力ずくで解くほうがやさしいと思えるほどである。繰り返しになるが，逆ラプラス変換は式 (10.9) を計算するのではなく，あらかじめ作っておいた表を逆引きするのが普通である。

次項に，ラプラス変換表を利用する上でのテクニックを紹介する。

10.3.2　部 分 分 数 分 解

やや唐突な感もあるが，次の等式を見てみよう。
$$\frac{1}{x+y} + \frac{1}{x-y} = \frac{x-y}{x^2-y^2} + \frac{x+y}{x^2-y^2} = \frac{2x}{x^2-y^2}$$
この式は左辺から右辺は簡単に導ける。目下の目的に合わせて少し書き直せば次の式が正しいことがわかる。

$$\frac{s}{s^2-a^2} = \frac{1}{2}\left(\frac{1}{s+a} + \frac{1}{s-a}\right) \tag{10.10}$$

$$\frac{a}{s^2-a^2} = \frac{1}{2}\left(\frac{1}{s-a} - \frac{1}{s+a}\right) \tag{10.11}$$

[†1] 例によって，「$^{-1}$」は「逆操作」を意味する「インバース」であって，「逆数」を意味する「-1 乗」ではない。

[†2] $F(s)$ の引数 s が複素数であることに注意。これは実数 x から複素数を返す関数よりはるかに取り扱い難い。

これは，右辺の逆ラプラス変換さえできれば，左辺の逆ラプラス変換を求められることを意味する。つまり，手持ちのラプラス変換表に $\cosh at$ の欄がなくとも式 (10.10) を利用して

$$
\begin{aligned}
\mathcal{L}^{-1}\{\frac{s}{(s^2-a^2)}\}(t) &= \frac{1}{2}\mathcal{L}^{-1}\{\frac{1}{(s+a)}\}(t) + \frac{1}{2}\mathcal{L}^{-1}\{\frac{1}{(s-a)}\}(t) \\
&= \frac{1}{2}e^{at} + \frac{1}{2}e^{-at} \\
&= \cosh at
\end{aligned}
$$

が得られるということである（収束条件は $s > a$ かつ $s > -a$ をまとめて $s > |a|$）。

> 練習問題 10.4
>
> 式 (10.11) を利用して，$a/(s^2 - a^2)$ の逆ラプラス変換を求めよ。

このように，分母に 2 乗（以上）の項が入っている分数関数を，より低次の分母からなる分数関数の和に分解するテクニックは**部分分数分解**[†1] と呼ばれ，積分の技法としても有名である[†2]。

さらに複素数も使って部分分数分解することを許せば

$$
\frac{s}{s^2 + a^2} = \frac{1}{2}\left(\frac{1}{s+\mathrm{i}a} + \frac{1}{s-\mathrm{i}a}\right) \tag{10.12}
$$

$$
\frac{a}{s^2 + a^2} = \frac{1}{2\mathrm{i}}\left(\frac{1}{s-\mathrm{i}a} - \frac{1}{s+\mathrm{i}a}\right) \tag{10.13}
$$

が得られ，これも利用価値が高い。

10.4　微分方程式への応用

> **例題 10.2**
>
> バネの単振動を表す，お馴染みの微分方程式
>
> $$m\frac{\mathrm{d}^2 x(t)}{\mathrm{d}t^2} = -kx(t)$$
>
> を初期条件 $x(0\,\mathrm{s}) = A$, $\left.\dfrac{\mathrm{d}x}{\mathrm{d}t}\right|_{t=0\,\mathrm{s}} = 0\,\mathrm{m/s}$ の下で解け。
>
> **解答**
>
> 両辺をラプラス変換すれば
>
> $$m\left(s^2 \mathcal{L}_{\{x\}}(s) - sx(0\,\mathrm{s}) - \left.\frac{\mathrm{d}x(t)}{\mathrm{d}t}\right|_{t=0\,\mathrm{s}}\right) = -k\mathcal{L}_{\{x\}}(s)$$
>
> となるので，初期条件を代入した後，変形して

[†1]　「ぶ」が多すぎる。発声がユーモラスな数学用語としては「可換環」というのもある。
[†2]　付録 A.3.2 で部分分数分解を効率的に実行する手法を紹介する。

$$\mathcal{L}_{\{f\}}(s) = \frac{sA}{s^2 + k/m}$$

を得る。ラプラス変換表（表 10.1）を利用して

$$x(t) = A\cos\omega t \qquad \text{ただし,}\ \omega = \sqrt{\frac{k}{m}}$$

が解とわかる。

練習問題 10.5

同様に初期条件 $x(0\,\mathrm{s}) = 0\,\mathrm{m}$, $\mathrm{d}x/\mathrm{d}t|_{t=0\,\mathrm{s}} = v_0$ の下で単振動の微分方程式を解け。

次は少し難しい微分方程式の例として減衰振動の問題を解いてみよう。

例題 10.3

粘性抵抗下でバネに取り付けられた錘の運動方程式

$$m\frac{\mathrm{d}^2 x}{\mathrm{d}t^2} = -kx - \kappa\frac{\mathrm{d}x}{\mathrm{d}t} \tag{10.14}$$

を初期状態

$$x(0\,\mathrm{s}) = 0\,\mathrm{m}, \qquad \left.\frac{\mathrm{d}x}{\mathrm{d}t}\right|_{t=0\,\mathrm{s}} = v_0$$

の下で解け。ただし，m〔kg〕，k〔N/m〕，κ〔Ns/m〕はそれぞれ，錘の質量，バネ定数，粘性抵抗係数であり，$x(t)$〔m〕は時刻 t〔s〕での錘の位置である。

われわれは以前，7 章の例題 7.3 で，この微分方程式を半経験的な方法を使って解き，減衰振動解（式 (7.10)）を得た。

しかし，半経験的な手法では，あらかじめ予想していなかった形の解を見つけることはできないので，減衰振動解以外の解については触れなかった。今回は，ラプラス変換を使って別の形の解も求めてゆこう。

解答

式 (10.14) の両辺をラプラス変換した

$$m\left(s^2\mathcal{L}_{\{x\}}(s) - sx(0\,\mathrm{s}) - \left.\frac{\mathrm{d}x}{\mathrm{d}t}\right|_{t=0\,\mathrm{s}}\right)$$
$$= -k\mathcal{L}_{\{x\}}(s) - \kappa\left(s\mathcal{L}_{\{x\}}(s) - x(0\,\mathrm{s})\right)$$

に初期条件を代入して $\mathcal{L}_{\{x\}}(s)$ について解くと

$$\mathcal{L}_{\{x\}}(s) = \frac{mv_0}{ms^2 + \kappa s + k} \tag{10.15}$$

となる。

式 (10.15) を変形して作れそうな関数をラプラス変換表（表 10.1）で探すと

$$\begin{cases} \mathcal{L}_{\{e^{at}\sin\omega t\}}(s) &= \dfrac{\omega}{(s-a)^2+\omega^2} \\ \mathcal{L}_{\{e^{at}\sinh bt\}}(s) &= \dfrac{b}{(s-a)^2-b^2} \end{cases}$$

とあるので，そのつもりで変形する。

1) $k/m > \kappa^2/4m^2$ のときには[†]

$$\begin{cases} a &= -\dfrac{\kappa}{2m} \\ \omega &= \sqrt{\dfrac{k}{m}-\dfrac{\kappa^2}{4m^2}} \end{cases}$$

とすれば

$$\text{式 (10.15)} = \frac{v_0}{\left(s^2+\dfrac{\kappa}{m}s+\dfrac{k}{m}\right)} = \frac{v_0}{\omega}\times\frac{\omega}{(s-a)^2+\omega^2}$$

の形になるので，ラプラス変換表を調べて

$$\begin{aligned} x(t) &= \frac{v_0}{\omega}\cdot e^{at}\sin\omega t \\ &= \frac{v_0}{\sqrt{\dfrac{k}{m}-\dfrac{\kappa^2}{4m^2}}} e^{-\frac{\kappa}{2m}t}\sin\left(\sqrt{\dfrac{k}{m}-\dfrac{\kappa^2}{4m^2}}\right)t \end{aligned} \quad (10.16)$$

を得る（図 **10.1** (a)：**減衰振動解**）。

2) 一方，$k/m < \kappa^2/4m^2$ のときには

$$\begin{cases} a &= -\dfrac{\kappa}{2m} \\ b &= \sqrt{\dfrac{\kappa^2}{4m^2}-\dfrac{k}{m}} \end{cases}$$

として，同様の手順で

$$\begin{aligned} x(t) &= \frac{v_0}{b}\cdot e^{at}\sinh bt \\ &= \frac{v_0}{\sqrt{\dfrac{\kappa^2}{4m^2}-\dfrac{k}{m}}} e^{-\frac{\kappa}{2m}t}\sinh\left(\sqrt{\dfrac{\kappa^2}{4m^2}-\dfrac{k}{m}}\right)t \end{aligned} \quad (10.17)$$

を得る（図 10.1 (b)：**減衰解**）。

[†] 式 (10.14) で振動力と減衰力のどちらがより優位になるかは k, m, v_0 を次元解析した $F_{\text{振動特性}} = v_0\sqrt{km}$ と，κ, m, v_0 を次元解析した $F_{\text{減衰特性}} = \kappa v_0$ とを比べることでおおざっぱな判断ができる。適当に整理してから比べると，（次元解析としては）km と κ^2 の比較ということになり，無次元の数字 4 だけの狂いがある。

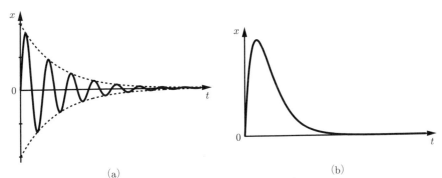

(a) (b)

図 10.1 微分方程式 (10.14) の解

(a) $4mk > \kappa^2$ の場合，$x(t) = \mathrm{e}^{-at} \sin \omega t$ の形の減衰振動解が得られる。これは粘性抵抗によって振幅が減衰してゆく単振動と考えられる（k による振動が，κ による減衰より優位にある）。
(b) $\kappa^2 > 4mk$ の場合，$x(t) = \mathrm{e}^{-at} \sinh bt$ の形の減衰解が得られる。こちらは基本的に減衰運動だが，初速度 v_0 で一旦跳び出した後，バネの力に引かれて，ゆっくりと $x = 0$ へと戻ってくる（κ による減衰が，k による振動より優位にある）。
（$\kappa^2 = 4mk$ については略。）

3) $k/m = \kappa^2/4m^2$ のときには

$$a = -\frac{\kappa}{2m} = -\sqrt{\frac{k}{m}}$$

とすれば

$$式 (10.15) = \frac{v_0}{(s-a)^2}$$

の形になるので，ラプラス変換表を調べて

$$\begin{aligned} x(t) &= v_0 t^1 \mathrm{e}^{at} \\ &= v_0 t \cdot \mathrm{e}^{-\frac{\kappa}{2m}t} = v_0 t \cdot \mathrm{e}^{-\sqrt{\frac{k}{m}}t} \end{aligned} \quad (10.18)$$

を得る（**臨界解**）[†]。

例題 10.3 はごちゃごちゃして難しかったと感じる読者もいるかと思う。しかし，勘違いして欲しくないのは，難しいのは「減衰振動」であって「ラプラス変換が難しい」のではないということである。

[†] 式 (10.16)，式 (10.17) は似ているのに，式 (10.18) だけが全然別の形の式に見えて戸惑うかと思う。余裕のある読者は，次の極限値を求めてみるとこれらの繋がりが理解できて面白いかと思う。
(1) $\displaystyle\lim_{\omega \to +0} \frac{v_0}{\omega} \mathrm{e}^{at} \sin \omega t$ (2) $\displaystyle\lim_{b \to +0} \frac{v_0}{b} \mathrm{e}^{at} \sinh bt$
（ω，b はどちらも正の範囲に制限されているので，極限を「+0」としている。）

10. ラプラス変換

「そもそも難しくて，単純な方法では解けなかった減衰振動の問題を，ラプラス変換という便利な道具によって，なんとか手が届くレベルにまで簡略化できた」という認識をして欲しい。

なお，例題 10.3 では，必要な変換がすべてラプラス変換表に載っていることを前提とした解法をしているが，$\mathcal{L}_{\{\sin \omega t\}} = \omega/(s^2 + \omega^2)$ に第一移動定理（付録 A.4.3）を使う方法や，式 (10.15) を（複素数の範囲で）部分分数分解した上で $\mathcal{L}_{\{e^{at}\}} = 1/(s-a)$ を使う方法に慣れれば「ラプラス変換によって微分方程式が簡単になる」という意味がよりはっきりするだろう。

練習問題 10.6

コンデンサ C〔F〕と抵抗 R〔Ω〕，電池 V_0〔V〕の CR 直列回路の充電を考える。
$$V_0 = R \cdot \frac{\mathrm{d}q(t)}{\mathrm{d}t} + \frac{q(t)}{C}$$
を，初期条件 $q(0\,\mathrm{s}) = 0\,\mathrm{C}$ として，ラプラス変換を用いて解け。

ヒント：$\dfrac{1}{s(s+1/CR)} = CR \cdot \left(\dfrac{1}{s} - \dfrac{1}{s+1/CR}\right)$

付　　　録

A.1　x の累乗の微分

1 章で見たように，x の自然数乗 $f(x) = x^n$ に対する微分は

$$\frac{\mathrm{d}x^n}{\mathrm{d}x} = nx^{n-1}$$

であった（式 (1.9)）。1 章では n が自然数に制限された場合しか証明しなかったが，ここで n が自然数でない場合について拡張しておく。

ただし，x の負数乗や分数乗を考えるため，$0 < x$ だけに制限する。

A.1.1　n が整数の場合

式 (1.9) に無理に $n = 0$ を代入すると

$$\frac{\mathrm{d}x^0}{\mathrm{d}x} = 0 \times x^{-1} = 0$$

といっていることになる。$x^0 = 1$ であり，定数の微分は確かに 0 なのでこの式は正しい。

また，自然数 m を用いて負の整数 n を $n = -m$ とできる。負数で乗ずるということは逆数をとることであるから

$$
\begin{aligned}
\frac{\mathrm{d}x^n}{\mathrm{d}x} &= \frac{\mathrm{d}x^{-m}}{\mathrm{d}x} \\
&= \frac{\mathrm{d}}{\mathrm{d}x}\left(\frac{1}{x^m}\right) \\
&= \lim_{\delta x \to 0} \frac{1}{\delta x}\left\{\frac{1}{(x+\delta x)^m} - \frac{1}{x^m}\right\} \\
&= \lim_{\delta x \to 0} \frac{1}{\delta x}\left\{\frac{x^m - (x+\delta x)^m}{(x+\delta x)^m x^m}\right\} \\
&= \lim_{\delta x \to 0} \frac{1}{\delta x}\left\{\frac{\cancel{x^m} - (\cancel{x^m} + mx^{m-1}\delta x + \cdots)}{(x+\delta x)^m x^m}\right\} \\
&= \lim_{\delta x \to 0} \frac{-mx^{m-1} - \cdots}{(x+\delta x)^m x^m} \\
&= \frac{-mx^{m-1}}{x^{2m}} \\
&= -mx^{-m-1} \\
&= nx^{n-1}
\end{aligned}
$$

となり，これも成り立っている。

0 および正負すべての整数 n に対して

$$\frac{\mathrm{d}x^n}{\mathrm{d}x} = nx^{n-1}$$

が成り立つ。

A.1.2 n が有理数の場合

n を有理数の範囲までまで広げてみよう。有理数とは二つの整数 l と m により $\frac{l}{m}$ で表せる数である。

まず，$n = \frac{1}{m}$ の場合については

$$f(x) = x^{\frac{1}{m}} \quad \longleftrightarrow \quad x = f^m$$

であるから，逆関数の微分（式 (1.23)）を利用して

$$
\begin{aligned}
\frac{\mathrm{d}f(x)}{\mathrm{d}x} &= \left(\frac{\mathrm{d}x}{\mathrm{d}f}\right)^{-1} \\
&= \left(\frac{\mathrm{d}f^m}{\mathrm{d}f}\right)^{-1} \\
&= \left(mf^{m-1}\right)^{-1} \\
&= \left\{m\left(x^{\frac{1}{m}}\right)^{m-1}\right\}^{-1} \\
&= \left(mx^{\frac{(m-1)}{m}}\right)^{-1} \\
&= \frac{1}{m}x^{\frac{1}{m}-1} \\
&= nx^{n-1}
\end{aligned}
\tag{A.1}
$$

が導ける。これを踏まえ，合成関数の微分（式 (1.19)）を使えば，一般の有理数 $n = l/m$ に対しても

$$
\begin{aligned}
\frac{\mathrm{d}f(x)}{\mathrm{d}x} &= \frac{\mathrm{d}x^{\frac{l}{m}}}{\mathrm{d}x} \\
&= \frac{\mathrm{d}}{\mathrm{d}x}\left\{\left(x^l\right)^{\frac{1}{m}}\right\} \\
&= \frac{\mathrm{d}x^l}{\mathrm{d}x} \cdot \frac{\mathrm{d}\left(x^l\right)^{\frac{1}{m}}}{\mathrm{d}(x^l)} \\
&= lx^{l-1} \cdot \frac{1}{m}\left(x^l\right)^{\frac{1}{m}-1} \\
&= lx^{l-1} \cdot \frac{1}{m}x^{\frac{l}{m}-l} \\
&= \frac{l}{m}x^{\frac{l}{m}-1} \\
&= nx^n
\end{aligned}
\tag{A.2}
$$

が導ける。

0 および正負すべての有理数 q に対して

$$\frac{\mathrm{d}x^q}{\mathrm{d}x} = qx^{q-1}$$

が成り立つ。

A.1.3　n が実数の場合

n を実数の範囲まで広げよう。実数の連続性により、無理数である r に対しても十分なだけ近い有理数 q が存在する。また r が微小変化しても $f(x) = x^r$ が微小変化しかしないことは明白なので、$r \simeq q$ ならば、$x^r \simeq x^q$ としてよい[†1]。したがって

$$\begin{aligned}
\frac{\mathrm{d}f(x)}{\mathrm{d}x} &= \frac{\mathrm{d}x^r}{\mathrm{d}x} \\
&= \lim_{\delta x \to 0} \frac{(x+\delta x)^r - x^r}{\delta x} \\
&\simeq \lim_{\delta x \to 0} \frac{(x+\delta x)^q - x^q}{\delta x} \\
&= \frac{\mathrm{d}x^q}{\mathrm{d}x} \\
&= qx^{q-1}
\end{aligned} \quad (\mathrm{A.3})$$

となる。なお、q と r はいくらでも近くでき、これを等しいとすることには特に問題が生じない。

すべての実数 r に対して

$$\frac{\mathrm{d}x^r}{\mathrm{d}x} = rx^{r-1}$$

が成り立つ。

A.1.4　n が複素数の場合

最後に n を複素数の範囲まで広げよう[†2]。複素数とは二つの実数 a と b により $a + \mathrm{i}b$ と書ける数のことである。

式が煩雑になるのを防ぐため

$$x' = \log_e x^b$$

と定義しておこう（x' は実数である）。このように定義すると $x^b = \mathrm{e}^{x'}$ となり

$$x^{\mathrm{i}b} = \left(x^b\right)^{\mathrm{i}} = \left(\mathrm{e}^{x'}\right)^{\mathrm{i}} = \mathrm{e}^{\mathrm{i}x'}$$

となるので微分しやすそうだからである。また、このとき

[†1] 少しズルい感じがするかもしれないが、そもそも x の無理数乗の定義自体、有理数乗から極限をとることでなされている。

[†2] 複素数の範囲まで広げるのは n だけで、x は実数の範囲のままであることに注意しよう。複素数を引数とする関数に関しては本書では取り扱わない。

$$\frac{\mathrm{d}x'}{\mathrm{d}x} = \frac{\mathrm{d}\log_e(x^b)}{\mathrm{d}(x^b)} \cdot \frac{\mathrm{d}x^b}{\mathrm{d}x} = \left(\frac{1}{x^b}\right) \cdot \left(bx^{b-1}\right) = bx^{-1}$$

となっている。また，e の虚数乗についても e の定義ともいうべき式

$$\frac{\mathrm{d}e^{i\theta}}{\mathrm{d}\theta} = ie^{i\theta}$$

はいえている。

これらの準備が整ったところで，$n = ib$ の場合の微分を求めよう。

$$\begin{aligned}
\frac{\mathrm{d}f(x)}{\mathrm{d}x} &= \frac{\mathrm{d}x^{ib}}{\mathrm{d}x} \\
&= \frac{\mathrm{d}e^{ix'}}{\mathrm{d}x} \\
&= \frac{\mathrm{d}e^{ix'}}{\mathrm{d}x'} \frac{\mathrm{d}x'}{\mathrm{d}x} \\
&= ie^{ix'} \cdot \left(bx^{-1}\right) \\
&= ix^{ib} \cdot \left(bx^{-1}\right) \\
&= ibx^{ib-1} \\
&= nx^{n-1}
\end{aligned} \tag{A.4}$$

次は複素数一般の場合として $n = a + ib$ とする。こちらは既知の関数の積の微分になるので

$$\begin{aligned}
\frac{\mathrm{d}f(x)}{\mathrm{d}x} &= \frac{\mathrm{d}x^{a+ib}}{\mathrm{d}x} \\
&= \frac{\mathrm{d}}{\mathrm{d}x}\left(x^a \cdot x^{ib}\right) \\
&= \frac{\mathrm{d}x^a}{\mathrm{d}x} \cdot x^{ib} + x^a \cdot \frac{\mathrm{d}x^{ib}}{\mathrm{d}x} \\
&= ax^{a-1} \cdot x^{ib} + x^a \cdot \left(ibx^{ib-1}\right) \\
&= (a+ib)x^{a+ib-1} \\
&= nx^{n-1}
\end{aligned} \tag{A.5}$$

となる。結局

> すべての複素数 z に対して
> $$\frac{\mathrm{d}x^z}{\mathrm{d}x} = zx^{z-1}$$
> が成り立つ。

ただし，x は正の実数に限っていることをもう一度注意しておく。

A.2 三角関数のまとめ

物理現象を扱う上で最もよく見る関数の座は，1次関数（比例関係）に譲るとしても，2番手の座は三角関数か exp 関数であるのは間違いない。本書では三角関数の諸性質は既知のこととしたが，適時参照できるように，いくつかの重要な性質をここにまとめておく。

A.2.1 一般角に対する三角関数の定義

二つの角を指定された三角形（必然的に三つ目の角も指定される）はすべて相似であり，辺の比は決定される。つまり，図 **A.1** のように直角三角形 ABC を描いたら三辺 a, b, r の比は θ によって決定されるわけである。この比を「三角比」と呼び

$$\cos\theta = \frac{a}{r}, \quad \sin\theta = \frac{b}{r}, \quad \tan\theta = \frac{b}{a} \tag{A.6}$$

と定義する。

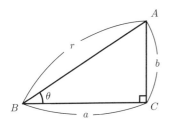

図 **A.1** 三 角 比

角度 θ を指定すれば，各辺の比は決定される。しかし，直角三角形を使った定義では $0 < \theta < \pi/2$ の範囲でしか定義できない。

ただし，三角比は明らかに $0 < \theta < \pi/2$ でしか定義されていない[†]。

（$\theta = \pi/6$ や $\pi/4$, $\pi/3$ などの特別な角度については三角比の値が知られているが，一般的には，θ と各辺比の関係は簡単な数式では表現できない。そこで「値が知りたければ後で調べることはできますが，今は，その値がわかってるとして話を先に進めましょう」とするために，三角比の記号を定めたのである。）

ここで，θ として実数すべてをとることを許す「三角関数」を定義するが，三角関数の値は $0 < \theta < \pi/2$ においては三角比の値と一致していなければならない。通常，図 **A.2** のように半径 $r = 1$ の円を描き，円周上の点 X と原点 O, x 軸のなす角を θ とするとき，X の座標 (x, y) を用いて

$$\cos\theta = x, \quad \sin\theta = y, \quad \tan\theta = \frac{y}{x} \tag{A.7}$$

とする（式 (A.6) と比べて，$r = 1$ に注意）。また，これらの逆数として

$$\sec\theta = \frac{1}{x}, \quad \operatorname{cosec}\theta = \frac{1}{y}, \quad \cot an\theta = \frac{x}{y} \tag{A.8}$$

も定義しておく。

[†] 適当な拡張によって $0 < \theta < \pi$ の範囲に拡張する場合もあるが，本書では一気に三角関数まで拡張する。

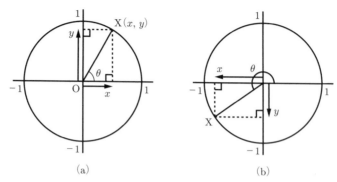

図 A.2 三角関数の定義

半径 1 の円（単位円）を描き，円周上の点 X の座標 (x, y) を用いて三角関数を定義する。

式 (A.7), (A.8) では θ は全実数をとり得るが，図 A.2 (a) で明らかなように，$0 < \theta < \pi/2$ の範囲では三角関数と三角比は一致する。また，拡張された範囲では三角関数は負の値をとる場合もある（図 (b)）。

図 A.2 より，いかなる θ に対しても

$$\sin^2 \theta + \cos^2 \theta = 1 \tag{A.9}$$

が成り立つことがわかる。また，**図 A.3** を見れば

$$\sin(-\theta) = -\sin\theta \quad \text{（奇関数）} \tag{A.10a}$$

$$\cos(-\theta) = \cos\theta \quad \text{（偶関数）} \tag{A.10b}$$

$$\sin\left(\theta + \frac{\pi}{2}\right) = \cos\theta \tag{A.11a}$$

$$\cos\left(\theta + \frac{\pi}{2}\right) = -\sin\theta \tag{A.11b}$$

なども成り立つことがわかる。

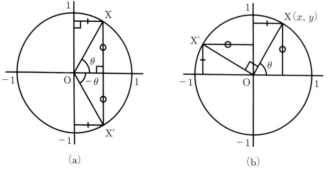

図 A.3 三角関数の偶奇性と相互の位相差

$\theta < 0$ は右回り方向の角度，$\pi/2$ は直角，ということを理解していれば，式 (A.10), (A.11) は自明。

(なお，三角関数の引数としては，x のほうが θ や φ，α, β よりも好まれる傾向がある。「角度」の印象が弱く，「変数」の印象が強いためであろう。)

A.2.2 加法定理

加法定理

一般角 α, β に対する三角関数において以下の式が成り立つ。

$$\sin(\alpha+\beta) = \sin\alpha\cos\beta + \cos\alpha\sin\beta \tag{A.12a}$$
$$\cos(\alpha+\beta) = \cos\alpha\cos\beta - \sin\alpha\sin\beta \tag{A.12b}$$

なお，特に $\alpha=\beta$ のときを倍角の公式と呼んだり，β が負の値をとっているときを別の公式扱いする場合もあるが，本書では加法定理の特別な場合という以上の意味は持たせない。

まず，$0<\alpha<\pi/2$, $0<\beta<\pi/2$ かつ，$\alpha+\beta<\pi/2$ の場合について，図 **A.4** のように各点を設定し，加法定理を証明しておこう。

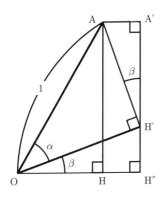

図 **A.4** 加法定理の略証
α, β がともに第一象限の角，$\alpha+\beta$ も第一象限の角の場合の図。
$\angle\text{H}'\text{OH}'' = \angle\text{AH}'\text{A}'$ となっていることに注意。

三角形 AOH に注目すると（$\overline{\text{OA}}=1$ であるから）

$$\sin(\alpha+\beta) = \overline{\text{AH}}, \quad \cos(\alpha+\beta) = \overline{\text{OH}}$$

は明らかである。
三角形 $\text{AH}'\text{A}'$ が $\angle\text{AH}'\text{A}'=\beta$ である直角三角形であることに注意すると

$$\overline{\text{AH}} = \overline{\text{A}'\text{H}''} = \overline{\text{A}'\text{H}'} + \overline{\text{H}'\text{H}''} = \overline{\text{AH}'}\cos\beta + \overline{\text{OH}'}\sin\beta$$

$$\overline{\text{OH}} = \overline{\text{OH}''} - \overline{\text{HH}''} = \overline{\text{OH}''} - \overline{\text{AA}'} = \overline{\text{OH}'}\cos\beta - \overline{\text{AH}'}\sin\beta$$

がいえる。
もちろん，$\overline{\text{OA}}=1$ の直角三角形 AOH' に注目して

$$\overline{\text{OH}'} = \cos\alpha, \quad \overline{\text{AH}'} = \sin\alpha$$

と書き直すので

$$\overline{\text{AH}} = \sin\alpha\cos\beta + \cos\alpha\sin\beta$$
$$\overline{\text{OH}} = \cos\alpha\cos\beta - \sin\alpha\sin\beta$$

となる．α, β が限定された範囲ではあるが，式 (A.12a), (A.12b) が証明された[†]．

練習問題 A.1

図 **A.5** を使い，$0 < \alpha < \pi/2$, $0 < \beta < \pi/2$，かつ $\alpha + \beta > \pi/2$ の場合について加法定理を証明せよ．

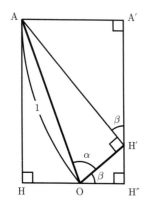

図 **A.5** 加法定理の略証 2

α, β は第一象限の角だが，$\alpha+\beta$ は第二象限の場合の図．図 A.4 と合わせれば，α, β が第一象限の場合についてはすべて証明したことになる（$\alpha+\beta=\pi/2$ の場合は容易に証明できる）．
今度も $\angle\text{H}'\text{OH}'' = \angle\text{AH}'\text{A}'$ であるが，点 H が点 O より左側にあるため，$\cos(\alpha+\beta) = -\overline{\text{OH}}$ となる．

練習問題 A.2

式 (A.12a), (A.12b) それぞれに次の条件を代入してみよ．
(1) $\alpha = \beta = x$
(2) $\alpha = x$, $\beta = -y$ （式 (A.10) を使って整理すること）

(x, y や α, β といった記号の付替えには意味はないので，書き上がった式を改めて α と β に書き直してもその意義はまったく変わらない．)

A.2.3 半角の公式

式 (A.12b) で，特に $\alpha = \beta = x$ とし，さらに式 (A.9) を使って cos だけの式に書き換えてみよう．

$$\begin{aligned}\cos 2x &= \cos^2 x - \sin^2 x \\ &= \cos^2 x - (1 - \cos^2 x) \\ &= 2\cos^2 x - 1\end{aligned}$$

移項すると

$$\cos^2 x = \frac{1 + \cos 2x}{2} \tag{A.13}$$

が得られる．

[†] α, β として全実数をとっても，練習問題 A.1 と式 (A.10), (A.11) を用いて適当に場合分けすれば証明できる．本書の範囲を逸脱するが，加法定理の証明としては，ベクトルの 1 次変換を使って導く方法が美しい．

練習問題 A.3

上の方法で，式 (A.9) の使い方を変え
$$\sin^2 x = \frac{1-\cos 2x}{2} \tag{A.14}$$
を導け．

式 (A.13), (A.14) の記号を付け替え，$2x = \alpha$ (つまり $x = \alpha/2$) とすると半角の公式が得られる[†1]．

半角の公式

$$\cos^2\left(\frac{\alpha}{2}\right) = \frac{1+\cos\alpha}{2} \tag{A.15a}$$

$$\sin^2\left(\frac{\alpha}{2}\right) = \frac{1-\cos\alpha}{2} \tag{A.15b}$$

A.2.4 同じ周期の三角関数の合成

6章や9章で見るように，同じ周期を持つ三角関数 $\cos\omega t$ と $\sin\omega t$ はワンセットであり

$$A\cos\omega t + B\sin\omega t \tag{A.16}$$

が必要となる場合が多い．A, B ともに0ではないとしてこの式をより簡便に変形してゆこう[†2]．

まず，もしも
$$\begin{cases} A &= \sin\theta \\ B &= \cos\theta \end{cases} \tag{A.17}$$

を満たす θ が存在するなら，式 (A.16) は加法定理を用いて

$$A\cos\omega t + B\sin\omega t = \sin(\omega t + \theta)$$

とできる．しかし，**式 (A.17) を満たす θ は特別な場合にしか存在しない**．なぜなら

$$A^2 + B^2 = \sin^2\theta + \cos^2\theta$$

の右辺はつねに1と等しくなければならないが，$A^2 + B^2 = 1$ は誰にも保証されていないからである．そこで $A'^2 + B'^2 = 1$ となるように，次のような A', B' を考える．

$$\begin{cases} A' &= \dfrac{A}{\sqrt{A^2+B^2}} \\ B' &= \dfrac{B}{\sqrt{A^2+B^2}} \end{cases} \tag{A.18}$$

[†1] $\sin(\alpha/2) = \sim$ や $\cos(\alpha/2) = \sim$ の形にするために両辺のルートをとる場合もあるが，正負の問題が生じるので，ここまでの形でやめておくのが無難であろう．

[†2] A, B のいずれかが0なら，式 (A.16) は，わざわざ変形するまでもなく簡便である．

この A', B' ならば，確かに $A'^2 + B'^2 = 1$ を満たし

$$\theta = \tan^{-1}\left(\frac{A'}{B'}\right)$$

を使って†

$$\begin{cases} A' &=& \sin\theta \\ B' &=& \cos\theta \end{cases}$$

とできるので

$$A'\cos\omega t + B'\sin\omega t = \sin(\omega t + \theta)$$

がいえる。

改めて A, B の式に戻すと

$$\begin{aligned} A\cos\omega t + B\sin\omega t &= \sqrt{A^2+B^2}\left(\frac{A}{\sqrt{A^2+B^2}}\cos\omega t + \frac{B}{\sqrt{A^2+B^2}}\sin\omega t\right) \\ &= C(A'\cos\omega t + B'\sin\omega t) \\ &= C\sin(\omega t + \theta) \end{aligned}$$

となる。ただし

$$\begin{cases} C = \sqrt{A^2+B^2} \\ \theta = \tan^{-1}\left(\dfrac{A'}{B'}\right) = \tan^{-1}\left(\dfrac{A}{B}\right) \end{cases}$$

とする。

別の手法として，図 **A.6** に図形的な意味からだけの証明も紹介した。

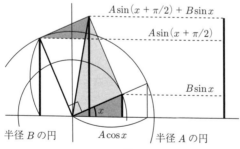
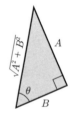

図 **A.6** 三角関数の合成

$A\cos x = A\sin(x+\pi/2)$ に注意すれば，この図に $A\cos x + B\sin x = C\sin(x+\theta)$ が現れていることがわかる（$C = \sqrt{A^2+B^2}$, $\tan\theta = A/B$）。

---

† $\tan^{-1}$ は $\tan$ の逆関数であり，「タンジェントインバース」と読む。$1/\tan$ のように見えるのであまりよい書式とはいえないのだが，逆関数の表記として f^{-1} を使うのは一般的な習慣である。

三角関数の合成

$$A\cos\omega t + B\sin\omega t = C\sin(\omega t + \theta) \tag{A.19}$$

ただし

$$C = \sqrt{A^2 + B^2}, \qquad \theta = \tan^{-1}\left(\frac{A}{B}\right) \text{とする。} \tag{A.20}$$

ここで，式 (A.19) の意味を書いておこう。$\sin\omega t$ と $\cos\omega t$，同じ角周波数 ω を持つ（したがって同じ周期，同じ周波数を持つ）2 種類の三角関数を適当な強度 A, B で足した結果は，適当な初期位相 θ を持った，強度 $C = \sqrt{A^2 + B^2}$ の sin 関数で表されるということである。多くの場合，物理現象の解析には（原因を表す）左辺が，現象の表記には（結果を表す）右辺が適している。

また，もちろん，式 (A.19) の右辺を cos に変形してもよい。

A.2.5 和と積の変換公式

三角関数どうしの和を積に書き換える，また，その逆をすることができる。

例題 A.1

$$\cos(\alpha - \beta) - \cos(\alpha + \beta)$$

を計算せよ。

解答

加法定理と，三角関数の偶奇性に注意すれば

$$\begin{aligned}
\cos(\alpha - \beta) - \cos(\alpha + \beta) &= \bigl(\cos\alpha\cos(-\beta) - \sin\alpha\sin(-\beta)\bigr) \\
&\quad - \bigl(\cos\alpha\cos\beta - \sin\alpha\sin\beta\bigr) \\
&= \cos\alpha\cos\beta + \sin\alpha\sin\beta \\
&\quad - \cos\alpha\cos\beta + \sin\alpha\sin\beta \\
&= 2\sin\alpha\sin\beta
\end{aligned} \tag{A.21}$$

が得られる。

練習問題 A.4

例題 A.1 と同様にして次の計算をせよ。

(1) $\cos(\alpha + \beta) + \cos(\alpha - \beta)$ (2) $\sin(\alpha + \beta) + \sin(\alpha - \beta)$

例題 A.1 や，練習問題 A.4 の式は，加法定理が使いやすいように左辺から右辺を導く形で証明したが，実際には右辺が与えられて左辺に変形するとき（三角関数の積を和に書き換える式として）使

うことも多い．左辺から右辺へ，三角関数の和を積に書き換える場合は，むしろ，左辺の $\alpha+\beta$ や $\alpha-\beta$ を

$$x = \alpha + \beta, \qquad y = \alpha - \beta$$

として書き直したほうが直接使いやすい．

和と積の変換公式

$$\begin{cases} \cos x + \cos y = 2\cos\left(\dfrac{x+y}{2}\right)\cos\left(\dfrac{x-y}{2}\right) & \text{(A.22a)} \\ \cos x - \cos y = -2\sin\left(\dfrac{x+y}{2}\right)\sin\left(\dfrac{x-y}{2}\right) & \text{(A.22b)} \\ \sin x + \sin y = 2\sin\left(\dfrac{x+y}{2}\right)\cos\left(\dfrac{x-y}{2}\right) & \text{(A.22c)} \end{cases}$$

証明 略

ところで，x と y が近い値の場合，$(x+y)/2$ もそれらと近い値になる．したがって，例えば $\omega_1 \simeq \omega_2$ のとき

$$\begin{aligned} A\sin\omega_1 t + A\sin\omega_2 t &= 2A\cos\left(\frac{\omega_1-\omega_2}{2}\cdot t\right)\times\sin\tilde{\omega}t \\ &= A'(t)\times\sin\tilde{\omega}t \end{aligned}$$

とできる（ただし，$\tilde{\omega}=(\omega_1+\omega_2)/2\simeq\omega_1\simeq\omega_2$）．

これは，「同じ音量で，ほとんど同じ周波数の二つの音波を合成すると，**元とほとんど同じ周波数**だが，**振幅が $A'(t)=2A\cos((\omega_1-\omega_2)/2\cdot t)$ で変化する音波として聞こえる**」ことを意味している（$\dfrac{\omega_1-\omega_2}{2}$ は小さく，$A'(t)$ の変化がゆっくりであることに注意）．

ただし，$A'(t)$ の正負はわれわれの耳には意識されないため，実際には「音の強弱」の角周波数は $(\omega_1-\omega_2)/2$ の 2 倍になる（図 **A.7**）．

うなり

ほぼ同じ周波数 $f_1\,[\text{Hz}]$，$f_2\,[\text{Hz}]$ の二つの音波を合成すると，元とほぼ同じ周波数の音が，周波数 $|f_1-f_2|$ で音量を強弱させながら鳴っているように感じる．

この現象の最も身近な利用方法は楽器の調律である．

楽器の調律をするときは，音叉等の基準音波と楽器からの音波がうなりを生じないように調整することで，単に耳で聞き比べるよりもずっと高い精度の調律を行っている．

A.2 三角関数のまとめ　159

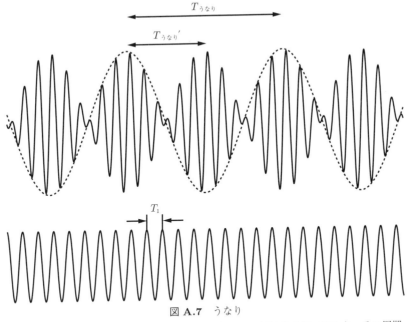

図 **A.7** うなり

$f_1 = 10\,\text{Hz}$ と $f_2 = 11\,\text{Hz}$ の波の合成。下図は f_1 の周波数を持つ波 1 と，その周期 $T_1\,[\text{s}]$。

合成波の周期が T_1 とほぼ等しいこと，振幅の（本来の）周期が $T_\text{うなり}$ であることがわかるが，実際の振動の様子だけを見れば，$T_\text{うなり}$ の半分の $T_\text{うなり}'$ が合成波の強弱の周期になっていることもわかるだろう。

A.2.6 微小角に対する近似

2.3 節で求めたように，$\sin x$, $\cos x$ のテイラー展開は

$$\begin{cases} \sin x = x - \dfrac{1}{3!}x^3 + - \cdots \\ \cos x = 1 - \dfrac{1}{2!}x^2 + \dfrac{1}{4!}x^4 - + \cdots \end{cases}$$

であった。これらを利用して $\delta x \ll 1$ に対する三角関数の近似値が求められる。

しかし，テイラー展開を行うためには三角関数の微分が必要で，三角関数の微分のためには加法定理と微小角に対する近似が必要であった（1.8 節）。循環論法を避けるため，ここではテイラー展開を利用しないで三角関数の近似式を求めておこう。

まずは，$0 < x \ll 1$ として $\sin x$ の近似を考えてゆこう。

図 **A.8** を見ると，三角形 OAC と三角形 OBC は合同な直角三角形で，$\overline{AC} = \overline{BC} = \sin x$ なの

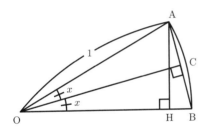

図 **A.8** 微小角に対する三角比

点 C は $\overline{AB}$ の中点なので $\overline{OA} = \overline{OB} = 1$，$\overline{AC} = \overline{BC} = \sin x$。
また，弧度法を使っているので $\widehat{AB} = 2x$ であり，$x \simeq 0$ の場合，$\widehat{AB} \simeq \overline{AB}$ である。

で，$\overline{AB} = 2\sin x$ とわかる。また，角度が小さい場合，明らかに $\overline{AB} \simeq \widehat{AB}$ だが，弧度法を使っているので $\widehat{AB} = 2x$ となっている。つまり

$$2\sin x = \overline{AB} \simeq \widehat{AB} = 2x$$

x が負の場合についても同様にして，$\sin x \simeq x$ が証明できる。

次に図から離れて $\cos x$ を考える。「$x \simeq 0$ で $\cos x$ はほぼ 1 だが，わずかに 1 より小さい」ことは明らかなので，適当な正定数 a を使って $\cos x \simeq 1 - ax$ と書けるだろうか？

$\cos x \simeq 1 - ax$ とすることはできない。x が負のときに $1 - ax > 1$ になってしまうからである。そこで，$\cos(-x) = \cos x$ にも注意しながら，$\cos x \simeq 1 - bx^2$ としてみよう。

そのように定めると $\sin^2 x + \cos^2 x = 1$ の性質は，どうなるか？

$$\begin{aligned} 1 &= \sin^2 x + \cos^2 x \\ &\simeq x^2 + (1 + bx^2)^2 \\ &= 1 + (1 + 2b)x^2 + b^2 x^4 \end{aligned}$$

x の 2 次近似では $b^2 x^4$ は無視するから，$b = -1/2$ ならば，$\sin^2 x + \cos^2 x \simeq 1$ が実現できたといえる。

つまり $\cos x \simeq 1 - \frac{1}{2}x^2$ も証明できた。

$\tan x$ については

$$\tan x = \frac{\sin x}{\cos x} \simeq \frac{x}{1 - x^2/2} = x + \cdots$$

により $\tan x \simeq x$ と求められる[†]。

> **練習問題 A.5**
>
> 三角関数の 4 次近似
> $$\sin x \simeq \frac{1}{1!}x^1 - \frac{1}{3!}x^3, \quad \cos x \simeq \frac{1}{0!}x^0 - \frac{1}{2!}x^2 + \frac{1}{4!}x^4, \quad \tan x \simeq x - \frac{1}{3}x^3$$
> が以下の式をどの程度満たしているか確認せよ。
> (1) $\sin(-x) = -\sin x, \ \cos(-x) = \cos x, \ \tan(-x) = -\tan x$
> (2) $\sin^2 x + \cos^2 x = 1$ (3) $\tan x = \dfrac{\sin x}{\cos x}$

[†] この式では $\sin x$ の近似が甘いので，この割算を 3 次項まで行っても $\tan$ の 3 次近似にはならないので注意。

A.3 部分分数分解

10.3 節で見たように，2 次以上の整式を分母に持つ分数関数を 1 次の分数関数の和で書き直すと便利な局面がある。ここでは「理解しやすく，簡単な問題に関してなら十分に実用的な方法」と「毎回の計算量は少ないが，技巧的でなにをやっているのかわかりにくい方法」の両方を説明しよう。

A.3.1 王道的な方法

王道である。種も仕掛けもなく，誰もが安心してついてこれる手法である。

例題 A.2

$\dfrac{3x}{x^2 - 5x - 6}$ を部分分数分解せよ。

解答

$x^2 - 5x - 6 = (x+1)(x-6)$ なので

$$\frac{3x}{(x+1)(x-6)} = \frac{k_1}{x+1} + \frac{k_2}{x-6}$$

を満たす k_1, k_2 を見つければよい。

この左辺から右辺への変形は難しいので，話を右辺から始める。つまり，適当な k_1, k_2 が存在して式が成り立つと仮定してから，左辺を通分して変形していく。

$$\begin{aligned}\frac{k_1}{x+1} + \frac{k_2}{x-6} &= \frac{k_1(x-6)}{(x+1)(x-6)} + \frac{k_2(x+1)}{(x+1)(x-6)} \\ &= \frac{(k_1+k_2)x + (-6k_1+k_2)}{(x+1)(x-6)}\end{aligned}$$

ここで，分子が $3x + 0$ と等しければよいので

$$\begin{cases} k_1 + k_2 &= 3 \\ -6k_1 + k_2 &= 0 \end{cases} \text{ を解いて，} \quad \begin{cases} k_1 &= 3/7 \\ k_2 &= 18/7 \end{cases} \text{ を得れば}$$

$$\frac{3x}{x^2 - 5x - 6} = \frac{3/7}{x+1} + \frac{18/7}{x-6} \tag{A.23}$$

と，部分分数分解できる。

ここで生真面目でない解答者に吉報がある。一度，式 (A.23) が求まれば，部分分数分解の確認作業は簡単であり，証明は「自明」で済ませて許される場合が多い。つまり k_1, k_2 を求める途中式も，「〜が成り立つと仮定すると」といった論理的に危うい部分[†]も，清書して他人に見せる必要はない。

では実際の思考の流れと，手元の計算用紙に書く程度の内容はどのようになるだろうか？ 一例を示す。

[†] そもそも，そのような分数に分解できない可能性はないのか？ 自明ではないだろう。

> **だらしないメモ**
> $x^2 - 5x - 6 = (x+1)(x-6)$ だから
> $$\frac{3x}{(x+1)(x-6)} = \frac{\Box}{x+1} + \frac{\bigcirc}{x-6} \quad \text{(書きかけ)}$$
> って形だな。
> 　左辺の分子には x^0 の項はないのに，右辺で通分すると $\Box \times (-6)$ と $(+1) \times \bigcirc$ が出てきちゃうな。$\Box$ に 1，$\bigcirc$ に 6 って書いとけば引算で 0 になるか…
> $$\frac{3x}{(x+1)(x-6)} = \frac{\boxed{1}}{x+1} + \frac{⑥}{x-6} \quad \text{(書きかけ)}$$
> で，どうせこれじゃまだ間違ってるんだろうけどサ…
> $$\frac{3x}{(x+1)(x-6)} = \frac{\boxed{1}}{x+1} + \frac{⑥}{x-6} = \frac{x+6x}{\sim} \quad \text{(駄目)}$$
> ほーらやっぱり…分子が $3x$ じゃなくちゃイケナイのに $7x$ じゃん。こんなこともあろうかと最初に空けといた隙間に括弧を書いてっと…
> $$\frac{3x}{(x+1)(x-6)} = \frac{3}{7}\left(\frac{\boxed{1}}{x+1} + \frac{⑥}{x-6}\right) = \frac{3}{7}\left(\frac{x+6x}{\sim}\right) \quad \text{(完成)}$$
> はい，OK。ええと解答欄には…
> 「$\dfrac{3x}{x^2-5x-6} = \dfrac{3/7}{x+1} + \dfrac{18/7}{x-6}$ と変形できる」
> と書いとけば文句ないでしょう。通分なんて小学校卒業してれば自明だもんな。

ひどい文章の書き散らしになったが，実際の手順は決して難しくないことがわかっただろうか。

A.3.2 目隠し法

分母がかなり高次の整式だったり，分子の項数も多い場合などにはさすがに暗算では難しく，連立方程式を解く繁雑な「作業」が必要になるだろう。ここで作業が非常に簡単になる「算法」を紹介しよう。

> **例題 A.3**
> $\dfrac{2x+3}{x^3-7x+6}$ を部分分数分解せよ。
>
> **解答**
> $$\frac{2x+3}{x^3-7x+6} = \frac{2x+3}{(x-1)(x-2)(x+3)}$$
> $$= \frac{-5/4}{x-1} + \frac{7/5}{x-2} + \frac{-3/20}{x+3}$$
> 証明は最終形から辿れば自明。

A.3 部分分数分解

じつに不親切である。解答欄には書かれていないが，普通にやるなら，連立方程式

$$\begin{cases} k_1 + k_2 + k_3 = 0 \\ k_1 + 2k_2 - 3k_3 = 2 \\ -6k_1 - 3k_2 + 2k_3 = 3 \end{cases}$$

を解くはめになる。

ここで謎の算法を導入する。正当性や意味は後回しにして，まずは次の計算式を見てみよう。

謎解答

$\dfrac{2x+3}{(x-1)(x-2)(x+3)}$ の分母を 0 にしてしまう x の値，$x = 1, 2, -3$ について考える。

当然ながら，これらの値を代入すると発散してうまくないので，発散の原因になる因数を取り除いてから代入する（は？ なにいってんの？）。

$\dfrac{2x+3}{(x-2)(x+3)}$ に $x=1$ を代入し，$\dfrac{2+3}{(1-2)(1+3)} = -\dfrac{5}{4}$，

$\dfrac{2x+3}{(x-1)(x+3)}$ に $x=2$ を代入し，$\dfrac{4+3}{(2-1)(2+3)} = \dfrac{7}{5}$，

$\dfrac{2x+3}{(x-1)(x-2)}$ に $x=-3$ を代入し，$\dfrac{-6+3}{(-3-1)(-3-2)} = \dfrac{-3}{20}$

を得る。これらにより

$$\begin{aligned}\dfrac{2x+3}{x^3-7x+6} &= \dfrac{2x+3}{(x-1)(x-2)(x+3)} \\ &= \dfrac{-5/4}{x-1} + \dfrac{7/5}{x-2} + \dfrac{-3/20}{x+3}\end{aligned}$$

謎である。じつに，まったく，なにをしているかわからないが，どうやら部分分数分解はできた。

Heviside の目隠し法（簡略版）

有理関数 $f(x)$ が，相違なる $a_1 \sim a_n$ に対して

$$\begin{aligned}f(x) &= \dfrac{g(x)}{(x-a_1)(x-a_2)\cdots(x-a_n)} \\ &= \dfrac{k_1}{x-a_1} + \dfrac{k_2}{x-a_2} + \cdots + \dfrac{k_n}{x-a_n}\end{aligned}$$ (A.24)

と部分分数分解できるとき，各係数は

$$\begin{aligned}k_m = &\dfrac{1}{(a_m-a_1)(a_m-a_1)\cdots(a_m-a_{m-1})} \\ &\times \dfrac{1}{(a_m-a_{m+1})\cdots(a_m-a_n)} \times g(a_m)\end{aligned}$$ (A.25)

となる。

[証明]

念のため，$x = a_m$ とすることはできないという制約を守りつつ証明を行う[†1]。
式 (A.24) の両辺に $x - a_m$ を掛けると

$$\frac{g(x)\cancel{(x-a_m)}}{(x-a_1)(x-a_2)\cdots\cancel{(x-a_m)}\cdots(x-a_n)}$$
$$= k_m + (x - a_m)\left(\frac{k_1}{x-a_1} + \frac{k_2}{x-a_2} + \cdots + m\text{番目の項} + \cdots \frac{k_n}{x-a_n}\right)$$

ここで，x に a_m を代入…すると問題が起きそうなので $x \to a_m$ の極限をとる[†2]。簡易版の定理では「相違なる $a_1 \sim a_n$」を利用しているので，発散などの問題は起きずに，右辺は大人しく $k_m + 0$ になり証明完了。

少々取っ付きづらくなってしまった。厳密さは犠牲にして，もっと心に響きやすい説明も示そう。

[説明]

$$\frac{g(x)}{(x-a_1)(x-a_2)\cdots(x-a_n)} = \frac{k_1}{x-a_1} + \frac{k_2}{x-a_2} + \cdots + \frac{k_n}{x-a_n}$$

で $x \to a_m$ の極限をとると，この式は発散する。その原因を考えてみると，右辺では $k_m/(x-a_m)$ の項だけが「悪い項」で，他の項は適当な値を持つ「良い項」であることがわかる。一方，左辺の分母は掛算なので，$1/(x-a_m)$ の部分が「悪い子」でその係数はやはり適当な値を持っている。つまり，$x \simeq a_m$ の条件下ならば

$$\left(\frac{g(x)}{(x-a_1)(x-a_2)\cdots(x-a_{m-1})(x-a_{m+1})\cdots(x-a_n)}\right) \times \frac{1}{(x-a_m)}$$
$$= \text{普通の数} + \cdots + \underbrace{\left(\frac{k_m}{x-a_m}\right)}_{\text{大きい数}} + \cdots + \text{普通の数}$$
$$\simeq k_m \times \frac{1}{(x-a_m)}$$

が成り立つだろう。結局，左辺の括弧内に $x = a_m$ を代入した値と，右辺の k_m は等しくなる必要がある。

証明としてはお粗末だが「なぜそうなるか」についてはそれなりの説明になっているだろう。

この方法は実際上，非常に効率的に部分分数分解を実行できて便利であるが，初心者には計算の意味を見出しづらいという難点と，$x = a_m$ は未定義であったはずなのに誤魔化して代入してしまうあたりの危なっかしさがあるため，**部分分数分解自体に慣れるまではお薦めできない**[†3]。

また，分母部分で $a_1, a_2, \ldots a_n$ に重複がある場合（例えば $1/(x-1)^2$ の部分分数分解）に関してはかなり煩雑な手順になるのでここでは紹介しない。

[†1] 実際問題としては気にしないでよいのだが，その大胆さのせいで Heviside の功績が認められなかった経緯があるので…。
[†2] もちろん実際には $x = a_m$ を代入して求めるが，他人に言質はとらせない。
[†3] あまり親切でない指導者から，「微分方程式」と「ラプラス変換」と「部分分数分解」と「目隠し法」とを同時に習った学生が「とにかくなんにもわからない」といっている姿を目にすることがあり，痛ましい。

A.4　ラプラス変換に関する付記

A.4.1　代表的な関数のラプラス変換

代表的な関数のラプラス変換を求めておこう。

実際には，この節の積分計算を追いかけたりしなくとも，必要なときには表 **10.1** を見ればよい。

（**1**）**定　　数**　　$f(x) = 1$ をラプラス変換してみよう。

$$\begin{aligned}
\mathcal{L}_{\{1\}}(s) &= \int_0^\infty 1 \cdot e^{-st} \, dt \\
&= \left[\frac{1}{-s} e^{-st} \right]_0^\infty \\
&= \frac{1}{s}
\end{aligned} \tag{A.26}$$

ただし，積分が収束するのは $s > 0$ のとき。

一般の定数 $f(t) = a$ の場合については線形性より

$$\mathcal{L}_{\{a\}}(s) = \frac{a}{s} \tag{A.27}$$

となる。

（**2**）**整　　式**　　自然数 n に対する $f(t) = t^n$ について求めておけば，一般の整式についても線形性から自明となる。

t^n を微分，e^{-st} を積分する形で部分積分を繰り返せば

$$\begin{aligned}
\mathcal{L}_{\{t^n\}}(s) &= \int_0^\infty t^n e^{-st} \, dt \\
&= \left[t^n \left(\frac{1}{-s} e^{-st} \right) \right]_0^\infty - \int_0^\infty \left(n t^{n-1} \right) \cdot \left(\frac{1}{-s} e^{-st} \right) \, dt \\
&= 0 + \frac{n}{s} \int_0^\infty t^{n-1} e^{-st} \, dt \\
&= 0 + \frac{n}{s} \left[t^{n-1} \left(\frac{1}{-s} e^{-st} \right) \right]_0^\infty - \frac{n}{s} \int_0^\infty (n-1) t^{n-2} \left(\frac{1}{-s} e^{-st} \right) \, dt \\
&\vdots \\
&= 0 + 0 + \cdots + \frac{n!}{s^n} \int_0^\infty t^0 e^{-st} \, dt \\
&= \frac{n!}{s^{n+1}}
\end{aligned} \tag{A.28}$$

が得られる（収束条件は $s > 0$）。

（**3**）**指 数 関 数**　　式 (10.2) により，$f(t) = e^{at}$ のラプラス変換は

$$\mathcal{L}_{\{e^{at}\}}(s) = \frac{1}{s-a} \tag{A.29}$$

である（収束条件は $s > a$）。

（4）$t^n \mathrm{e}^{at}$　　整式と指数関数の積，$f(t) = t^n \mathrm{e}^{at}$ のラプラス変換を求めよう．これは

$$\mathcal{L}_{\{t^n \mathrm{e}^{at}\}}(s) = \mathcal{L}_{\{t^n\}}(s) \times \mathcal{L}_{\{\mathrm{e}^{at}\}}(s)$$
(取り消し線)

というわけにはいかない．

定義式 (10.1) どおりに積分計算を行うと

$$\begin{aligned}
\mathcal{L}_{\{t^n \mathrm{e}^{at}\}}(s) &= \int_0^\infty t^n \mathrm{e}^{at} \cdot \mathrm{e}^{-st} \, \mathrm{d}t \\
&= \int_0^\infty t^n \mathrm{e}^{(a-s)t} \, \mathrm{d}t \\
&\quad \vdots \\
&= \frac{n!}{(s-a)^{n+1}}
\end{aligned} \tag{A.30}$$

e の肩を $(a-s)t$ にした後の積分計算は，整式のラプラス変換の場合と同様になる．収束条件は $s > a$ となる．

（5）三角関数　　$f(t) = \cos \omega t$ に対して $\int \cos \omega t \cdot \mathrm{e}^{-st} \, \mathrm{d}t$ を計算するのは，やっかいな問題だが，例題 5.1 で $\int \mathrm{e}^x \cos x \, \mathrm{d}x$ のテクニカルな計算法を紹介してある．これを利用して

$$\begin{aligned}
\mathcal{L}_{\{\cos \omega t\}}(s) &= \int_0^\infty \cos \omega t \cdot \mathrm{e}^{-st} \, \mathrm{d}t \\
&= \left[\frac{1}{s^2 + \omega^2} (-s \cos \omega t + \omega \sin \omega t) \cdot \mathrm{e}^{-st} \right]_0^\infty \\
&= \frac{s}{s^2 + \omega^2}
\end{aligned} \tag{A.31}$$

が得られる（収束条件は $s > 0$）．

> 練習問題 A.6

同様に $\sin \omega t$ のラプラス変換を求めよ．

A.4.2 スケール変換

ラプラス変換表は応用計算を念頭において作られているため，ほとんどの場合，最初から $\sin \omega t$ や e^{-at} のラプラス変換が載っている．

しかし，念のため，$\sin t$ や e^t のラプラス変換から $\sin \omega t$ や e^{at} のラプラス変換を求める方法を示しておく．

> **スケール変換**
>
> a を正の定数とするとき，関数 $f(at)$ のラプラス変換は
>
> $$\mathcal{L}_{\{f(at)\}}(s) = \frac{1}{a} \mathcal{L}_{\{f(t)\}}\left(\frac{s}{a}\right) \tag{A.32}$$
>
> となる（収束条件は s が満たしていた条件を s/a も満たせばよい）．

証明

$a > 0$ のとき

$$
\begin{aligned}
\mathcal{L}_{\{f(at)\}}(s) &= \int_0^\infty f(at)\,\mathrm{e}^{-st}\,\mathrm{d}t \\
&= \int_{t=0}^{t=\infty} f(at)\,\mathrm{e}^{-\frac{s}{a}(at)}\,\frac{\mathrm{d}t}{\mathrm{d}(at)}\mathrm{d}(at) \\
&= \int_{at=0}^{at=\infty} f(at)\,\mathrm{e}^{-\frac{s}{a}(at)}\cdot\frac{1}{a}\,\mathrm{d}(at) \\
&= \frac{1}{a}\mathcal{L}_{\{f\}}\left(\frac{s}{a}\right)
\end{aligned}
$$

「変数は数字しか表さず,単位は別に設定するべきだ」という流儀の人達は,時刻の単位を〔min〕から〔s〕に変えるときに,$f(t) = f(60t')$ などと書いたりする。このような「スケール(尺度)の変更」のときに,式 (A.32) が必要になる。

本書の流儀では $t = 60\,\mathrm{s} = 1\,\mathrm{min}$ という「単位まで含めた物理量」を変数に代入するため,このような問題は起きないが,それでも,「実験装置をすべて 10 倍大きく作ったらどうなるか」などと考えるときには,スケール変換が必要になる。

A.4.3 第一移動定理

ラプラス変換の定義式 (10.1) を見れば明らかなように,関数 $f(t)$ に e^{at} を掛ける行為は,(収束条件の問題を別にすれば) s を $s-a$ に替える,すなわち,変換後の関数を a だけズラす行為に相当する。

第一移動定理

$$\mathcal{L}_{\{\mathrm{e}^{at}f(t)\}}(s) = \mathcal{L}_{\{f(t)\}}(s-a) \tag{A.33}$$

(収束条件は $f(t)$ による。)

証明

$$
\begin{aligned}
\mathcal{L}_{\{\mathrm{e}^{at}f(t)\}}(s) &= \int_0^\infty \mathrm{e}^{at}\,f(t)\,\mathrm{e}^{-st}\,\mathrm{d}t \\
&= \int_0^\infty f(t)\,\mathrm{e}^{-(s-a)t}\,\mathrm{d}t \\
&= \mathcal{L}_{\{f(t)\}}(s-a)
\end{aligned}
$$

A.4.4 第二移動定理とステップ関数

$\sin(\omega t - \varphi)$ のラプラス変換等も気になる。

一般に,正数 a に対して $g(t) = f(t-a)$ のラプラス変換を求めよう。とりあえず,どんどん計算すると

$$\begin{aligned}
\mathcal{L}_{\{g\}}(s) &= \mathcal{L}_{\{f(t-a)\}}(s) \\
&= \int_0^\infty f(t-a)\,\mathrm{e}^{-st}\,\mathrm{d}t \\
&= \int_{t=0}^{t=\infty} f(t-a)\,\mathrm{e}^{-s((t-a)+a)}\,\frac{\mathrm{d}t}{\mathrm{d}(t-a)}\,\mathrm{d}(t-a) \\
&= \int_{t'=-a}^{t'=\infty} f(t')\,\mathrm{e}^{-s(t'+a)}\cdot 1\,\mathrm{d}t' \\
&= \mathrm{e}^{-as}\int_{t'=0}^{t'=\infty} f(t')\,\mathrm{e}^{-st'}\,\mathrm{d}t' + \mathrm{e}^{-as}\int_{t'=-a}^{t'=0} f(t')\,\mathrm{e}^{-st'}\,\mathrm{d}t' \\
&= \mathrm{e}^{-as}\mathcal{L}_{\{f\}}(s) + \mathrm{e}^{-as}\int_{t'=-a}^{t'=0} f(t')\,\mathrm{e}^{-st'}\,\mathrm{d}t'
\end{aligned} \tag{A.34}$$

となるが，この第二項の積分はしたくない．そこで $g(t)$ のラプラス変換は（あっさりと）諦め，$g(t)$ によく似ているが**別の（都合のよい）関数 $h(t)$** のラプラス変換で我慢しよう．$h(t)$ を以下のような関数とすれば式 (A.34) の第二項に対応する項は 0 となる[†]．

$$h(t) = \begin{cases} 0 & : \quad t < a \quad (t' < 0) \\ f(t-a) & : \quad t \geqq a \end{cases} \tag{A.35}$$

このような $h(t)$ を実現するため，**ステップ関数 $\Theta(t)$** を

$$\Theta(t) = \begin{cases} 0 & : \quad t < 0 \\ 1 & : \quad t \geqq 0 \end{cases} \tag{A.36}$$

と定義し，$h(t) = \Theta(t-a)f(t-a)$ とするのが普通である．

第二移動定理

$$\mathcal{L}_{\{\Theta(t-a)f(t-a)\}}(s) = \mathrm{e}^{-as}\mathcal{L}_{\{f(t)\}} \tag{A.37}$$

[†] このあたりは混乱しがちなところなので，各人で確かめてみて欲しい．あらかじめ決まっている $f(t)$ に対して「たまたま運よく $-a < t' < 0$ で $f(t') = 0$ だったら $\cdots$」などと期待するわけにはゆかないので，$h(t)$ のほうで無理をするのである．

A.5 各 種 表

A.5.1 アルファベットの代表的な使用例

表 **A.1** アルファベットの代表的な使用例

記号	用途	記号	用途
A	角運動量, 増幅率, 面積, 振幅	a	加速度
B	磁束密度	b	
C	コンデンサ, 静電容量, 定数, 熱容量, 組み合わせ	c	光速, 比熱
D	電束密度	d	微小な, 距離, 微積分記号
E	電界, 直流電圧, エネルギー, ヤング率	e	電子, 交流電圧, 自然対数の低
F	力, 関数 f の積分	f	力, 周波数, 関数
G	万有引力定数, 利得, 関数 g の積分	g	重力加速度, 関数
H	磁界	h	高さ, プランク定数
		$\hbar$	$h/2\pi$
I	直流電流, 慣性モーメント	i	交流電流, 虚数単位
J	〔cal〕と〔J〕との変換係数	j	電流密度, 虚数単位
K	運動エネルギー	k	バネ定数, 静電気力の定数, 波数
		k_B	ボルツマン定数
L	長さ, コイル, 自己インダクタンス	l	長さ, 整数
M	質量, 相互インダクタンス	m	質量, 整数
N	個数, 垂直抗力, 力のモーメント	n	物質量, 中性子, 整数
N_A	アボガドロ定数		
O	原点, 近似の度合い	o	
P	圧力, 電力, 順列, 確率	p	陽子, 運動量, q の共役量, 素数
Q	熱量, 電荷, 流量	q	電荷, p の共役量, 有理数
R	気体定数, 抵抗値	r	半径, 中心からの距離, 実数
S	面積	s	積分用ダミー変数
T	張力, 周期, 温度	t	時刻
U	ポテンシャルエネルギー	u	
V	体積, 直流電圧・電位	v	速度, 交流電圧・電位
W	仕事量=電力量	w	
X		x	座標
Y		y	座標
Z	インピーダンス	z	座標, 複素数

電気関係では時間変動しない量は大文字, 時間変動する量は小文字で表す習慣があるが, あまり気にしない分野も多い.

A.5.2 ギリシャ文字とその使用例

表 A.2 ギリシャ文字の読みとおもな用途

大文字	小文字	読み	用途
A	α	アルファ	増幅率,He 原子核,角度
B	β	ベータ	増幅率,電子線,角度
Γ	γ	ガンマ	光子＝電磁波
Δ	δ	デルタ	微小量,差,三角形
E	ϵ, ε	イプシロン	誘電率,ひずみ,誤差,自然対数の底
Z	ζ	ゼータ	
H	η	イータ	粘性率
Θ	θ	シータ	温度,角度,位相
I	ι	イオタ	
K	κ	カッパ	粘性抵抗の係数
Λ	λ	ラムダ	波長
M	μ	ミュー	摩擦係数,透磁率,剛性率,粘性率
N	ν	ニュー	振動数
Ξ	ξ	クシー	
O	o	オミクロン	
Π	π	パイ	円周率,掛算の繰返し
P	ρ	ロー	密度,抵抗率
Σ	σ, ς	シグマ	面密度,電気伝導度,足算の繰返し
T	τ	タウ	応力,時定数
Υ	υ	ウプシロン	
Φ	ϕ, φ	ファイ	電位,磁束,波動関数,角度,位相,空集合 $\emptyset$ の代用
X	χ	カイ	リアクタンス,磁化率
Ψ	ψ	プサイ	波動関数
Ω	ω	オメガ	抵抗値の単位,立体角,角振動数

A.5.3 三角関数表

表 A.3 厳密に表せる三角関数の例

θ [rad]	$\sin\theta$	$\cos\theta$	$\tan\theta$
0	0	1	0
$\pi/12$	$\dfrac{(\sqrt{6}-\sqrt{2})}{4}$	$\dfrac{(\sqrt{6}+\sqrt{2})}{4}$	$2-\sqrt{3}$
$\pi/10$	$\dfrac{(\sqrt{5}-1)}{4}$		
$\pi/8$			$\sqrt{2}-1$
$\pi/6$	$\dfrac{1}{2}$	$\dfrac{\sqrt{3}}{2}$	$\dfrac{1}{\sqrt{3}}$
$\pi/5$		$\dfrac{(1+\sqrt{5})}{4}$	
$\pi/4$	$\dfrac{1}{\sqrt{2}}$	$\dfrac{1}{\sqrt{2}}$	1
$\pi/3$	$\dfrac{\sqrt{3}}{2}$	$\dfrac{1}{2}$	$\sqrt{3}$
$2\pi/5$		$\dfrac{(\sqrt{5}-1)}{4}$	
$5\pi/12$	$\dfrac{(\sqrt{6}+\sqrt{2})}{4}$	$\dfrac{(\sqrt{6}-\sqrt{2})}{4}$	$2+\sqrt{3}$
$\pi/2$	1	0	―

半角の公式等を利用して解析的に求められる三角関数の例。（ただし，$\cos\dfrac{\pi}{10}=\dfrac{\sqrt{10+2\sqrt{5}}}{4}$ などのように二重根号が外せない物は記載していない。）

表 A.4　三角関数表

θ [°]	$\sin\theta$	$\cos\theta$	$\tan\theta$	θ [°]	$\sin\theta$	$\cos\theta$	$\tan\theta$
0	0	1	0	46	0.7193	0.6947	1.036
1	0.01745	0.9998	0.01746	47	0.7314	0.6820	1.072
2	0.03490	0.9994	0.03492	48	0.7431	0.6691	1.111
3	0.05234	0.9986	0.05241	49	0.7547	0.6561	1.150
4	0.06976	0.9976	0.06993	50	0.7660	0.6428	1.192
5	0.08716	0.9962	0.08749	51	0.7771	0.6293	1.235
6	0.1045	0.9945	0.1051	52	0.7880	0.6157	1.280
7	0.1219	0.9925	0.1228	53	0.7986	0.6018	1.327
8	0.1392	0.9903	0.1405	54	0.8090	0.5878	1.376
9	0.1564	0.9877	0.1584	55	0.8192	0.5736	1.428
10	0.1736	0.9848	0.1763	56	0.8290	0.5592	1.483
11	0.1908	0.9816	0.1944	57	0.8387	0.5446	1.540
12	0.2079	0.9781	0.2126	58	0.8480	0.5299	1.600
13	0.2250	0.9744	0.2309	59	0.8572	0.5150	1.664
14	0.2419	0.9703	0.2493	60	0.8660	0.5	1.732
15	0.2588	0.9659	0.2679	61	0.8746	0.4848	1.804
16	0.2756	0.9613	0.2867	62	0.8829	0.4695	1.881
17	0.2924	0.9563	0.3057	63	0.8910	0.4540	1.963
18	0.3090	0.9511	0.3249	64	0.8988	0.4384	2.050
19	0.3256	0.9455	0.3443	65	0.9063	0.4226	2.145
20	0.3420	0.9397	0.3640	66	0.9135	0.4067	2.246
21	0.3584	0.9336	0.3839	67	0.9205	0.3907	2.356
22	0.3746	0.9272	0.4040	68	0.9272	0.3746	2.475
23	0.3907	0.9205	0.4245	69	0.9336	0.3584	2.605
24	0.4067	0.9135	0.4452	70	0.9397	0.3420	2.747
25	0.4226	0.9063	0.4663	71	0.9455	0.3256	2.904
26	0.4384	0.8988	0.4877	72	0.9511	0.3090	3.078
27	0.4540	0.8910	0.5095	73	0.9563	0.2924	3.271
28	0.4695	0.8829	0.5317	74	0.9613	0.2756	3.487
29	0.4848	0.8746	0.5543	75	0.9659	0.2588	3.732
30	0.5	0.8660	0.5774	76	0.9703	0.2419	4.011
31	0.5150	0.8572	0.6009	77	0.9744	0.2250	4.331
32	0.5299	0.8480	0.6249	78	0.9781	0.2079	4.705
33	0.5446	0.8387	0.6494	79	0.9816	0.1908	5.145
34	0.5592	0.8290	0.6745	80	0.9848	0.1736	5.671
35	0.5736	0.8192	0.7002	81	0.9877	0.1564	6.314
36	0.5878	0.8090	0.7265	82	0.9903	0.1392	7.115
37	0.6018	0.7986	0.7536	83	0.9925	0.1219	8.144
38	0.6157	0.7880	0.7813	84	0.9945	0.1045	9.514
39	0.6293	0.7771	0.8098	85	0.9962	0.08716	11.43
40	0.6428	0.7660	0.8391	86	0.9976	0.06976	14.30
41	0.6561	0.7547	0.8693	87	0.9986	0.05234	19.08
42	0.6691	0.7431	0.9004	88	0.9994	0.03490	28.64
43	0.6820	0.7314	0.9325	89	0.9998	0.01745	57.29
44	0.6947	0.7193	0.9657	90	1	0	—
45	0.7071	0.7071	1				

A.6 正統ではない表現

A.6.1 物理量変数と単位の表記について

本書では，物理量変数（長さ x や時刻 t）は「数字と単位を合わせた次元のある量」として扱っている。当然，応用的な例で物理量変数の値を表記する際には，必ず，数字と単位のセットで書いてある。例えば「$x = 1.0\,\mathrm{m}$」であり，「$x = 1.0$」ではない[†1]。このため，本来なら「長さ x」などとするのが正しい表現なのだが，変数が初出の場合には教育上の配慮として「標準的な単位」を付記し，「長さ $x\,[\mathrm{m}]$」などという表記をした[†2]。

慣習的によく用いられる「$x = 1.0\,[\mathrm{m}]$」のような表記と，同じ記号を若干異なる意味合いで使っているため，混乱を生じる可能性もあるのだが，ここでまた新たな記号を導入するよりはよいかと思い「$x\,[\mathrm{m}]$」のような表記法だけは使用した。

ただし，次元を持つ物理量と対数との相性は悪く，例えば，電圧 V が $[\mathrm{V}]$ まで含んだ有次元量と考えると

$$\log_{10}\left(\frac{V}{1\,\mathrm{V}}\right) = \log_{10} V - \log_{10}(1\,\mathrm{V})$$

の左辺は定義されるが，右辺の意味が釈然としないなどの問題もある[†3]。このため，dB 表現や pH 表現を多用する分野では無理にルールを通そうとしないほうがよいかもしれない。

A.6.2 関数について

現代数学における「関数」とは集合から集合への変換（写像）方法そのものであり，変換された結果の値ではないとされている。

しかし，本書ではあえて古い物理の方法をとり，ある物理量 x の変化によって，別の物理量 y が変化するなら，y は x の関数であるとしている。

x の変化によって y が変化し，その結果 z が変化する場合，この考えによれば，$z(x)$ と $z(y)$ は同じ値になるが，変換方法としては違う関数であるので，最初からこのような書き方をしてはならないはずという問題もある。しかし，現実の問題への応用に目的を定めている限り，この素朴な方法は問題点より利点のほうが大きいと思われる[†4]。

[†1] ただし，「$x = 0\,\mathrm{m}$」や「$x \to \infty\,\mathrm{m}$」の場合に限っては，「$x = 0$」，「$x \to \infty$」という表記のほうがすっきりして見やすかったかもしれない。

[†2] これは，日本算数方式による「長さは $1\,\mathrm{m}$ の x 倍（x は無次元の数字）」という意味ではなく，「長さは x（ただし，長さは m を単位とするのが普通ですよ）」という意味であり，再出の場合には「長さ x は」などの標準表現になっている。
例えば，圧力 $P\,[\mathrm{N/m^2}]$ や線電荷密度 $\rho\,[\mathrm{C/m}]$ など，単位（本来なら次元）を添えることで物理量の意味が明白になる効果は大きいので，このような書式にも価値はあるだろう。

[†3] 対数表記の $[\mathrm{dB}]$ は，一応，単位のように表記しているが，色々な意味で本当の単位としては取り扱わないほうがよいだろう。

[†4] 値を Z，関数を $z_x(x)$ と $z_y(y)$ として $(Z = z_x(x) = z_y(y))$，違う関数であることをはっきりさせるとか $Z|_{x=x_0}$ と $Z|_{y=y_0}$ として，引数ではなく条件であるという扱いで逃げる手もあるが，煩雑になるだけだろう。

A.6.3 二変数型関数の微分

本書では基本的に実数を引数とする一変数型関数のみを取り扱い，偏微分には立ち入らなかった。本来なら $f(x,t)$ と書くべき関数，例えば

$$f = A\sin(\omega t - kx)$$

を，ときにより $f(x)$ としたり，$f(t)$ としたりして，一変数型とみなして扱うことで偏微分の話題を避けてきたのである。

正直に $f(x,t)$ と書いた場合，t で微分する場合と x で微分する場合が考えられ，それぞれ

$$\left.\frac{\partial f(x,t)}{\partial t}\right|_{x \text{ は一定}} = \omega A\cos(\omega t - kx)$$

$$\left.\frac{\partial f(x,t)}{\partial x}\right|_{t \text{ は一定}} = -kA\cos(\omega t - kx)$$

と区別した表現がとられる。これが**偏微分**である。

偏微分を使うべきところで df/dt，あるいは df/dx と誤魔化して使用することは，将来，二変数型関数特有の厄介事の処理で立ち行かなくなる心配もあるのでここに注意しておく。

例えば，$x(t) = vt$ という条件をつけると，f は単に合成関数 $f(x(t))$ となるが，その微分は

$$\begin{aligned}\frac{d}{dt}f\bigl(x(t),t\bigr) &= \frac{d}{dt}A\sin(\omega t - kvt) \\ &= (\omega - kv)A\cos(\omega t - kvt) \\ &\neq \frac{\partial f(x,t)}{\partial t}\end{aligned}$$

であったりもして油断できない[†1]。

このような場合に備え，多変数型関数に対してはあらかじめ**全微分**を

$$df = \frac{\partial f}{\partial t}\,dt + \frac{\partial f}{\partial x}\,dx$$

で定義しておき，x と t が独立な場合（dx/dt が存在しない）にはこのまま利用し，x が t の関数になっているような場合（dx/dt が存在する）には，（形式上）全体を dt で割った形

$$\frac{df}{dt} = \frac{\partial f}{\partial t} + \frac{\partial f}{\partial x}\cdot\frac{dx}{dt}$$

として利用するのが正しい作法である[†2]。

特に，熱力学においては，独立ではない物理量が何種類も現れ，状況により「体積は一定のまま温度を変化させると〜」（偏微分）だったり，「温度を変化させれば必然的に体積も変化し〜」（全微分）だったりするので，独立に変化させられる物理量がどれなのかを，丁寧に考える必要がある。

[†1] ここに挙げた三つの微分は，それぞれ「波のある水面に浮かんだウキの上下運動を考えるとき」，「水面波の写真を見ながら，その形を考えるとき」，「波のある水面上でボートを漕ぎ，そのボートの上下運動を考えるとき」に対応する。

[†2] 1.2 節の脚注の「微分」，「微分商」という用語はこの思想と繋がっている。

A.6.4 「距離は速度ではない」

なんらかの意味で比例係数となる物理量を説明する際に，よく見受けられる，「電位は無限遠方からそこまで単位電荷を持ってくるのに必要なエネルギーのことである」，「速度とは単位時間に進む距離のことである」という類の書き方はしなかった。どのような修飾語をつけようとも，「距離」は「速度」ではないからである。

このような書き方は，学校教科書ですら見ることが有るが，物理量の理解に混乱を招くだけだとしか思えない[†]。

本書ではそのような表現を可能な限り避けるため，「速度（主語）とは，単位時間にどれだけの距離を移動できるかで表した（修飾部）移動能力である（述部）」のような表現をとった。

[†] 例えば，「三毛猫（主語）とは，白，茶，黒の三色の体毛を持つ（修飾部），犬である（述部）」と書かれていたら，それは「猫のことをよく知らない人のためにわかりやすく説明したんですよ」といって許せるだろうか？

章末問題解答

1 章

【1.1】 (1) $l = \dfrac{dS}{dr} = 2\pi r$ (2) $S = \dfrac{dV}{dr} = 4\pi r^2$ この意味は 4.3 節を参照。

【1.2】 運動エネルギー $\dfrac{1}{2}mv^2$, バネのエネルギー $\dfrac{1}{2}kx^2$, コンデンサのエネルギー $\dfrac{1}{2}CV^2$, 等加速度直線運動の位置の式 $x_0 + v_0 t + \dfrac{1}{2}at^2$ など多数。

【1.3】 $\dfrac{\Delta \sin x}{\Delta x} \simeq \cos x$ を計算するため, $\Delta x = 10° \simeq 0.1745$ で割っている。

【1.4】 略。K は直接は t では微分できないので一旦 v で微分することになる。$\dfrac{dK}{dt} = \dfrac{dK}{dv} \cdot \dfrac{dv}{dt}$。同様に $\dfrac{dU}{dt} = \dfrac{dU}{dx} \cdot \dfrac{dx}{dt}$ とする。

【1.5】 (1) $l_{陸} = \sqrt{d_{陸}^2 + x^2}$, $l_{水} = \sqrt{d_{水}^2 + (L-x)^2}$

(2) $T(x) = \dfrac{1}{v_{陸}}\sqrt{d_{陸}^2 + x^2} + \dfrac{1}{v_{水}}\sqrt{d_{水}^2 + (L-x)^2}$

(3), (4) $\dfrac{v_{陸}}{v_{水}} = \dfrac{\sqrt{d_{水}^2 + (L-x)^2}}{L-x} \cdot \dfrac{x}{\sqrt{d_{陸}^2 + x^2}} = \dfrac{\sin \theta_{陸}}{\sin \theta_{水}}$

2 章

【2.1】 (1) $a_0 = 1$, $a_1 = \dfrac{1}{2}$, $a_2 = -\dfrac{1}{8}$, $a_3 = \dfrac{1}{16}$ (2) $1 + x + \dfrac{1}{4}x^2$

(3) $1 + x - \dfrac{1}{8}x^3 + \dfrac{1}{64}x^4$ (4) $1 + x + \dfrac{5}{64}x^4 - \dfrac{1}{64}x^5 + \dfrac{1}{256}x^6$

【2.2】 (1) $l_1 \simeq L + \dfrac{d^2}{8L} + \dfrac{dx}{2L} + \dfrac{x^2}{2L}$, $l_2 \simeq L + \dfrac{d^2}{8L} - \dfrac{dx}{2L} + \dfrac{x^2}{2L}$, $\Delta l \simeq \dfrac{dx}{L}$

(2) $\Delta l \simeq \dfrac{dx}{\sqrt{L^2 + (d/2)^2}}$

【2.3】 (1), (2) $\dfrac{x}{L} \simeq \tan \theta \simeq \theta$ (3) $l_1 - l_2 \simeq d \sin \theta \simeq d\theta \simeq \dfrac{dx}{L}$

【2.4】 (1) $\tan \theta \simeq x + \dfrac{1}{3}x^3$

(2) $\sin x \simeq x - \dfrac{1}{6}x^3$, $\cos x \simeq 1 - \dfrac{1}{2}x^2$ とすると, $\dfrac{\sin x}{\cos x} \simeq x + \dfrac{1}{3}x^3 + \dfrac{1}{6}x^5 + \cdots$ となり, 3 次近似の範囲では $\tan x \simeq x + \dfrac{1}{3}x^3$ と一致する。

3 章

【3.1】 (1) $e^{-x} = 1 - \dfrac{1}{1!}x + \dfrac{1}{2!}x^2 - \dfrac{1}{3!}x^3 + - \cdots$ (2) 略

【3.2】 (2) $\dfrac{\Delta e^x}{\Delta x} \simeq e^x$ を計算するため $\Delta x = 0.1$ で割っている。

【3.3】 e^x の各近似値の太字の部分は, それぞれ x と $\dfrac{x^2}{2}$ なので $e^x \simeq 1 + x + \dfrac{1}{2}x^2 + \cdots$ の 1 次項, 2 次項が見えている。

【3.4】 (1) $\dfrac{e^{(x+y)} - e^{-(x+y)}}{2} = \sinh(x+y)$ (2) $\dfrac{e^{(x+y)} + e^{-(x+y)}}{2} = \cosh(x+y)$

4章

【4.1】 (1) $q(t) = \dfrac{I_{\max}}{\omega} \sin \omega t$ (2) $CV_0 \left(1 - \mathrm{e}^{-\frac{1}{CR}t}\right)$

【4.2】 $x(t) = x_0 + v_0 t + \dfrac{1}{2}at^2$

【4.3】 $V = \dfrac{4}{3}\pi R^3$

【4.4】 $\bar{v} = \dfrac{V_{\max}}{\pi}$

【4.5】 (1) $v_{全}(t) = L \cdot \dfrac{\mathrm{d}i(t)}{\mathrm{d}t} + \dfrac{1}{C}\int i(t)\,\mathrm{d}t + R \cdot i(t)$

(2) $v_{全}(t) = \omega L I_{\max} \cos \omega t - \dfrac{1}{\omega C} I_{\max} \cos \omega t + R I_{\max} \sin \omega t$

$= \sqrt{(\omega L - 1/\omega C)^2 + R^2} \cdot I_{\max} \sin(\omega t + \theta)$, ただし $\theta = \tan^{-1}\left(\dfrac{\chi_L - \chi_C}{R}\right)$

なので, $V_{\max} = \sqrt{(\omega L - 1/\omega C)^2 + R^2} \cdot I_{\max}$ と見ればよい。

【4.6】 幅 δr のリング状の部分の持つ運動エネルギーを求めると $\delta K = \dfrac{1}{2}\left(\dfrac{M}{\pi R^2} \cdot 2\pi r \cdot \delta r\right)(r\omega)^2$

なので, $\dfrac{\delta K}{\delta r}$ を積分すれば, $K = \dfrac{1}{4}MR^2 \omega^2$ が得られる。

5章

【5.1】 $-\dfrac{2x+1}{2(x+1)^2} + C$

【5.2】 $\dfrac{1}{4}S = \displaystyle\int_{\theta=\frac{\pi}{2}}^{\theta=0} \sqrt{R^2 - (R\cos\theta)^2}\,\dfrac{\mathrm{d}x}{\mathrm{d}\theta}\,\mathrm{d}\theta = \int_{\theta=\frac{\pi}{2}}^{\theta=0} \sqrt{(R\sin\theta)^2}\cdot(-R\sin\theta)\,\mathrm{d}\theta = \dfrac{\pi R^2}{4}$

【5.3】 $U_L = \displaystyle\int_{t=t_0}^{t=t_1} i(t) \cdot L \dfrac{\mathrm{d}i(t)}{\mathrm{d}t}\,\mathrm{d}t = \int_{t=t_0}^{t=t_1} i \cdot L\,\mathrm{d}i = \dfrac{1}{2}LI^2$

【5.4】 (1) $\dfrac{\pi}{2}$ (2) 3π

【5.5】 (1) $\bar{p} = \dfrac{I_{\max} V_{\max}}{2}\cos\theta$ (2) $\alpha = \cos\theta$

6章

【6.1】 (1), (2) $\rho(t+\delta t) = \dfrac{\rho(t)\cdot V - \rho(t)\cdot Q \delta t}{V}$ から, $\rho(t+\delta t) - \rho(t) = -\dfrac{Q}{V}\rho(t)\cdot \delta t$ が得られる。

(3) $\rho(t) = \rho_0 \mathrm{e}^{-\frac{Q}{V}t}$

(4) 微分方程式 $\dfrac{\mathrm{d}\rho(t)}{\mathrm{d}t} = \dfrac{\rho_0 Q}{V} - \left(\dfrac{Q}{V}\right)\rho(t)$ を解いて, $\rho(t) = \rho_0 \left(1 - \mathrm{e}^{-\frac{Q}{V}t}\right)$ となる。

【6.2】 $i(t) = I_{\max}\sin\left(\sqrt{\dfrac{1}{LC}}\,t + \dfrac{\pi}{2}\right)$。初期位相 $\dfrac{\pi}{2}$ は任意ではなく決定される。ここを θ としたまま式 (6.22) に代入すると $Q_0 = -\sqrt{LC}I_{\max}\cos\theta$ を満たさなくてはならないことがわかる。

なお, $I_{\max}$ は任意定数なので A でもよいが, 題意をくんで $I_{\max}$ とした。

8章

【8.1】 略

【8.2】 $[V] = [J/C] = [J/As]$ なので $[W] = [AV] = [J/s]$。

【8.3】 $H = I/2\pi r$ から $[Wb] = [Nm/A]$ とわかる。

$\varepsilon_0 [(As)^2/Nm^2]$ と $\mu_0 [N/A^2]$ から $v [m/s]$ を作るには

$$v = \alpha \times \frac{1}{\sqrt{\varepsilon_0 \mu_0}}$$

とせざるを得ない（α は無次元の定数なので次元解析では決定できないが，せいぜい 2π 程度以下と予想している）。

数値を入れると，$v = \alpha \times 2.99 \times 10^8$ m/s となり，$\alpha = 1$ で真空中の光速と一致する（最後の桁のわずかな違いは ε_0, μ_0 の近似が原因）。

【8.4】 (1) 次元解析により $T = \alpha \sqrt{\dfrac{R^3}{GM}}$ を得るので，$R^{\frac{3}{2}}$ を計算すると，各惑星の公転周期は地球の 0.615 倍（金星），1.87 倍（火星），11.9 倍（木星）と予想されるが，実際の値は $T_{金} = 0.615$ 年，$T_{火} = 1.881$ 年，$T_{木} = 11.87$ 年 である。

(2) $T_{地} = \alpha \times 5.02 \times 10^6$ s $= \alpha \times 0.159$ 年 だが，実際の周期 1 年 と比べると $\alpha = 2\pi$ とわかる（この無次元量 2π は次元解析では当てられないが，回転系の話なのでなんとなく説得力があるだろう）。

索　引

【あ】
（微分方程式の）安定解　101

【い】
位相差　29, 85
1 次近似
　　$(1+x)^r$ の——　36
　　三角関数の——　38
（微分方程式の）一般解　87, 109

【う】
うなり　158
運動方程式　92, 103, 114

【え】
エネルギー　64
　　位置——　30, 102
　　運動——　30, 68, 102
　　回転による——　68
　　クーロン——　67
　　静電——　67
　　弾性——　65
エネルギー保存則　30, 102
円錐の体積　60, 70

【か】
回転運動　68
角速度　69
重ね合わせの原理　89, 109
加速度　18
過渡現象　96
加法定理　153
慣性モーメント　69
（基底の）完全性　133
（基底の）完備性　133

【き】
基底　131
逆関数　15
逆ラプラス変換　141
（微分方程式の）境界条件　87

【 】
強制振動　107
極大値（極小値）　20

【く】
区分求積　57
グラフの概形と微分　19
クロネッカーの δ 記号　82

【け】
減衰　94, 104
減衰振動　104, 143
　　（——の）減衰解　144
　　（——の）減衰振動解　144
　　（——の）臨界解　145

【こ】
コイル　28, 85
広義積分　55
高次導関数　16
合成関数　11
交流電力　81, 85
行路差　39
コンデンサ　27, 63, 67

【さ】
最大値（最小値）　20
三角関数　151
　　——の積分　53, 54
　　——の微分　24, 25
三角形の面積　59

【し】
次元　121
次元解析　117
仕事　64
指数関数　41
　　——の積分　53, 54
　　——の微分　46
指数関数と三角関数の類似性
　　　　　　46, 48–50, 139
自然対数の底　44
実効値　81

【 】
時定数　96, 123
射影　85
瞬間速度　17
（微分方程式の）初期条件　87
ショックアブソーバー　104

【す】
スケール変換　166

【せ】
正規直交系　132
（線形微分方程式）斉次形　91, 109
静電エネルギー　67
積分　51, 56
　　$\cos^2 x$ の——　80
　　$\sin^2 x$ の——　80
　　回転対称系での——　70
　　広義——　55
　　三角関数の——　53, 54
　　指数関数の——　53, 54
　　整式の——　53
積分定数　52
積分範囲　55
積分方程式　98
（単位の）接頭語　123
線形性
　　積分の——　53
　　微分の——　10
　　ラプラス変換の——　140
線形微分方程式　91
全波整流　62

【そ】
双曲線関数　49
層流　73, 121

【た】
体積
　　円錐の——　60, 70
　　球の——　74
単位系　123
単振動　93

ダンパー	104

【ち】

置換積分	78
調律	158
調和振動	93
直交	84
ベクトルの――	83
直交系	132
直交定理	82, 126

【て】

定常状態	101
定常流	73, 121
(微分方程式の) 定性的な取扱い	101
定積分	54
――の積分範囲	55
テイラー展開	33, 34
三角関数の――	37
(指数関数) e^x の――	45
電位	67
電界 (電場)	66

【と】

等加速度直線運動	18, 62, 74
導関数	4
同次形	91
等時性	93, 119
等速直線運動	18, 62

【な】

(ベクトルの) 内積	83

【に】

二階微分	16
二階微分方程式	88, 92, 114
(微分の) ニュートン流書式	5, 17

(微分方程式の) 任意定数	87

【ね】

ネイピア数	44
粘性抵抗	94, 104

【は】

ハーゲン・ポアゼイユ流	73
半波整流	74

【ひ】

(線形微分方程式) 非斉次形	91, 107, 109
非定常流	121
微分	4
x^r の――	7
逆関数の――	15
合成関数の――	11, 14
三角関数の――	24, 25
指数関数の――	46
積の公式	10
双曲線関数の――	49
分数関数の――	14
和の公式	9
微分係数	4

【ふ】

不安定な解	101
フーリエ展開	127
のこぎり波の――	130
複素――	134
(方形波の) ――	129
フーリエ変換	135
フックの法則	65, 92
不定積分	52
部分積分	76
部分分数分解	142, 161

【へ】

平均速度	17
平均値	62
(積分の) 変数変換	78, 79
変分法	30

【ほ】

保存力	103
ポテンシャルエネルギー	102

【ま】

マクローリン展開	34

【め】

面積	57
円の――	84
三角形の――	59

【や】

ヤングの実験	39

【ら】

(微分の) ライプニッツ流書式	5
(微分の) ラグランジュ流書式	5
ラプラス変換	136
乱流	121

【り】

リアクタンス	29
力率	85
臨界解	145
(層流から乱流への) 臨界速度	121

【れ】

レイノルズ数	121

【C】

CR 充電回路	95
CR 直列回路 (交流)	64
CR 放電回路	97

【E】

exp 関数	41

【L】

LCR 直列回路	75, 110

【M】

MKSA 単位系	123

【R】

r 積分	72

―― 著者略歴 ――

- 1994年 東京理科大学理学部物理学科卒業
- 2000年 九州大学大学院理学研究科博士課程修了（物理学専攻）
  博士（理学）
- 2002年 読売東京理工専門学校（現：読売理工医療福祉専門学校）教員
- 2004年 日本工学院専門学校教員
- 2016年 群馬パース大学非常勤講師
- 2017年 群馬パース大学助教
  現在に至る

工学を理解するための応用数学 ── 微分方程式と物理現象 ──
Applied Mathematics for Engineering ── Differential Equation and Physics ──
© Motom Sato 2019

2019年4月5日 初版第1刷発行　　　　　　　　　　　　　★

検印省略	編著者	佐藤　求
	発行者	株式会社　コロナ社
		代表者　牛来真也
	印刷所	三美印刷株式会社
	製本所	有限会社　愛千製本所

112-0011 東京都文京区千石 4-46-10
発行所　株式会社　コロナ社
CORONA PUBLISHING CO., LTD.
Tokyo Japan
振替 00140-8-14844・電話(03)3941-3131(代)
ホームページ　http://www.coronasha.co.jp

（森岡）

ISBN 978-4-339-06117-8　C3041　Printed in Japan

＜出版者著作権管理機構　委託出版物＞
本書の無断複製は著作権法上での例外を除き禁じられています。複製される場合は，そのつど事前に，出版者著作権管理機構（電話 03-5244-5088, FAX 03-5244-5089, e-mail: info@jcopy.or.jp）の許諾を得てください。

本書のコピー，スキャン，デジタル化等の無断複製・転載は著作権法上での例外を除き禁じられています。購入者以外の第三者による本書の電子データ化及び電子書籍化は，いかなる場合も認めていません。
落丁・乱丁はお取替えいたします。

技術英語・学術論文書き方関連書籍

理工系の技術文書作成ガイド
白井　宏 著
A5／136頁／本体1,700円／並製

ネイティブスピーカーも納得する技術英語表現
福岡俊道・Matthew Rooks 共著
A5／240頁／本体3,100円／並製

科学英語の書き方とプレゼンテーション（増補）
日本機械学会 編／石田幸男 編著
A5／208頁／本体2,300円／並製

続 科学英語の書き方とプレゼンテーション
－スライド・スピーチ・メールの実際－
日本機械学会 編／石田幸男 編著
A5／176頁／本体2,200円／並製

マスターしておきたい　技術英語の基本
－決定版－
Richard Cowell・佘　錦華 共著
A5／220頁／本体2,500円／並製

いざ国際舞台へ！　理工系英語論文と口頭発表の実際
富山真知子・富山　健 共著
A5／176頁／本体2,200円／並製

科学技術英語論文の徹底添削
－ライティングレベルに対応した添削指導－
絹川麻理・塚本真也 共著
A5／200頁／本体2,400円／並製

技術レポート作成と発表の基礎技法（改訂版）
野中謙一郎・渡邉力夫・島野健仁郎・京相雅樹・白木尚人 共著
A5／166頁／本体2,000円／並製

Wordによる論文・技術文書・レポート作成術
－Word 2013/2010/2007 対応－
神谷幸宏 著
A5／138頁／本体1,800円／並製

知的な科学・技術文章の書き方
－実験リポート作成から学術論文構築まで－
中島利勝・塚本真也 共著
A5／244頁／本体1,900円／並製
日本工学教育協会賞（著作賞）受賞

知的な科学・技術文章の徹底演習
塚本真也 著
A5／206頁／本体1,800円／並製
工学教育賞（日本工学教育協会）受賞

定価は本体価格＋税です。
定価は変更されることがありますのでご了承下さい。

図書目録進呈◆